Peter Bachmann

Handbuch der Satellitennavigation

Peter Bachmann

Handbuch der Satellitennavigation

GPS - Global Positioning System
Technik - Geräte - Anwendung

Motorbuch Verlag Stuttgart

Einbandgestaltung: Johann Walentek
Das Titelbild entstand unter Verwendung eines Motivs aus dem Buch von Götz Wange "Europas Vorstoß ins All", 1989 erschienen im Motorbuch Verlag, Stuttgart

ISBN 3-613-01538-2

1. Auflage 1993

Produktion: Air Report Verlag, 64739 Höchst
Druck und Bindung: Konrad Triltsch, 97070 Würzburg

Printed in Germany

Inhalt

2. Alles über GPS-Empfänger

3. Die GPS-Zukunft hat bereits begonnen

4. Anhang

Vorwort

GPS - Global Positioning System, eine faszinierende, neue Technologie hat das Navigieren auf dem Lande, zu Wasser und in der Luft revolutioniert. In einer Entfernung von etwa 20.000 Kilometern umkreisen 24 GPS-Satelliten in 6 Umlaufbahnen die Erde. Diese Konstellation sorgt dafür, daß an jedem Punkt der Erde rund um die Uhr und wetterunabhängig immer genügend Navigationssignale empfangen werden, um metergenau navigieren zu können.

Einfach zu bedienende Empfangsgeräte werten die Signale aus und errechnen alle für die Navigation wichtigen Daten. Der technische Aufwand bei den GPS-Empfängern ist im Vergleich zu anderen elektronischen Navigationsinstrumenten gering. Fachleute sind sich schon heute einig: GPS ist ein Meilenstein in der Geschichte der Navigation und wird wohl in Zukunft alle bisher bekannten und verwendeten Navigationsverfahren entbehrlich machen.

Der navigatorische Fortschritt des GPS wird am deutlichsten in der Luftfahrt, wo seit Jahrzehnten mit komplexen und aufwendigen Verfahren navigiert wird. Unter Fortschritt ist in diesem Zusammenhang nicht nur die extreme Genauigkeit bei der GPS-Positionsbestimmung zu verstehen, sondern auch die vergleichsweise einfache Bedienung der GPS-Empfänger.

Dieses Handbuch soll nun in das Global Positioning System einführen und seine Technik, seine Verfahren und seine Anwendungen in den drei Verkehrsbereichen Luftfahrt, Seefahrt und Landverkehr beschreiben. Dabei wird die Navigation in der Luftfahrt besonders berücksichtigt, denn weder bei der Seefahrt- noch bei der Landnavigation kommt es so auf allerhöchste Präzision und Zuverlässigkeit wie in der Luftfahrt an. Trotz dieser Betonung der Luftfahrt wird das GPS parallel auch in seinen Anwendungen für die Seefahrt und den Landverkehr behandelt, so daß immer eine geschlossene Übersicht über die gesamte GPS-Navigation besteht.

Höchst, im Mai 1993.

Peter Bachmann

Kapitel 1

GPS - das globale Navigationssystem

Start eines GPS-Block-I-Satelliten (Aerodata).

GPS - die navigatorische Revolution

Jeder, der sich in der Luftfahrt, Seefahrt und auch beim Landverkehr auskennt, weiß, welcher Wandel sich in der Navigation in diesen Verkehrssystemen in den vergangenen Jahren vollzogen hat. Insbesondere in der Luftfahrt erlebten wir in den vergangenen zehn Jahren mehr Fortschritte bei den Navigationsverfahren als in ihrer gesamten Geschichte. Eine neue Generation an Navigationsgeräten bestimmt die Cockpits: Farbige Bildschirme mit digitalisierten Darstellungen ganzer Instrumentengruppen haben fast vollständig die konventionellen, elektromechanischen Navigationsinstrumente ersetzt.

Das Non plus ultra dieser Neuerungen stellt zweifellos die Navigation mit Satelliten dar, die Navigation mit GPS, dem Global Positioning System. GPS mit zweidimensionaler Positionsbestimmung gibt es zwar schon seit ein paar Jahren bei der Seefahrt und beim Landverkehr.

In der Luftfahrt aber, wo es auf hochpräzise zwei- und dreidimensionale Positionsangaben ankommt, ist GPS erst seit zwei bis drei Jahren zunehmend aktuell. Auch heute sind GPS-Empfänger für die Luftfahrt als primäre Navigationsinstrumente noch nicht zugelassen, weil verschiedene Systemungenauigkeiten derzeit noch einen sicheren und im Sinne der internationalen Luftfahrtbehörden zulassungsfähigen Einsatz ausschließen.

Doch die GPS-Industrie arbeitet besessen an bodenseitigen Systemen zur Verringerung der GPS-Ungenauigkeiten. Bereits heute kann eine unvorstellbare Präzision bei der Positionsbestimmung bis in den Zentimeter-Bereich erreicht werden. Parallel dazu werden auch die Empfänger in ihrer Integrität so weit optimiert, daß sie, z.B. in Verbindung mit anderen Navigationssensoren, alle Chancen haben, die bisherigen Navigationsverfahren in ein paar Jahren vollständig zu ersetzen.

Weltweit und wetterunabhängig navigieren

Da GPS ein satellitengestütztes System ist, hat es gegenüber bodenabhängigen Navigationssystemen einige Vorteile. Der größte Vorteil besteht ohne Zweifel darin, daß eine weltweite und wetterunabhängige Signalverfügbarkeit gegeben ist. Das heißt, daß mit GPS für Navigationszwecke an jedem Platz der Erde gearbeitet werden kann, wenn alle 24 Satelliten im Orbit sind.

GPS verwendet hochfrequente Signale, ähnlich wie VORs (Very High Frequency Omnidirectional Radio Range, UKW-Drehfunkfeuer für die Luftfahrt-Navigation). Dadurch sind Interferenzen durch statische Elektrizität und Wettererscheinungen (Gewitter, Stürme usw.) weitgehend minimiert. Andere Störungen der GPS-Signale wie bei ADF oder VOR durch sichtbare Wettererscheinungen wie z.B. Regen, Schnee oder Nebel gibt es ebenfalls nicht.

GPS-Navigation in Kurzform

Bevor wir später genauer auf die Navigation mit GPS eingehen, wollen wir zunächst kurz die navigatorischen Möglichkeiten in bezug zur Luftfahrt ansprechen. Vereinfacht ausgedrückt ermöglicht GPS die Navigation von Punkt zu Punkt ohne die Einschränkungen und komplizierten Methoden aller bekannten Navigationsverfahren.

Die GPS-Navigation basiert auf der Entfernungsbestimmung zu den NAVSTAR-Satelliten im All (NAVSTAR, NAVigation System with Time And Ranging). Die Entfernung wird dabei durch die mathematische Gleichung **D = V x T** (D=Entfernung, V=Geschwindigkeit, T=Zeit) ermittelt.

Da bekannt ist, daß sich elektromagnetische Wellen mit Lichtgeschwindigkeit (ca. 300.000 km pro Sekunde) ausbreiten, läßt sich die Entfernung Satellit-GPS-Empfänger durch exakte Laufzeitmessung des Satellitensignales errechnen.

Positionsbestimmung

Sind die Entfernungen zu drei Satelliten festgestellt, können durch trigonometrische Berechnungen die Positionskoordinaten des Empfängerstandortes in der Ebene (Latitude, LAT; Longitude, LON) bestimmt werden.

Berechnet man noch die Entfernung zu einem 4. Satelliten, kann zusätzlich zu der zweidimensionalen Position die Höhe des Empfängerstandortes ermittelt werden.

Durch Vergleich mit den bekannten Koordinaten eines Zielortes oder einer auf dem Weg liegenden Zwischenstation (Waypoint) kann so leicht die Entfernung zu diesen Punkten festgestellt werden.

Kursbestimmung

Hat ein GPS-Empfänger seine Position errechnet, und die Zielkoordinaten stehen geräteintern ebenfalls zur Verfügung, werden zunächst Kursinformationen zum Zielort als Steuerkurs (Heading, HDG) in Form einer alphanumerischen Anzeige (z.B. HDG 345°) und/oder als grafische Kursablage-Anzeige (Course Deviation Indication, CDI) ausgegeben.

Dabei ist es auch möglich, parallel versetzte Kurse (Parallel Offset Courses) zu fliegen, wenn man, z.B. auf seiner Flugroute, plötzlich in eine Schlechtwetterzone gerät und gezwungen wird, großräumig auszuweichen.

Routen und Waypoints

Außerdem können, je nach Empfängertyp, verschiedene, häufig beflogene Routen in mehrere Abschnitte (Legs) aufgeteilt, gespeichert und je nach Bedarf während des Fluges abgerufen werden. Die einzelnen Legs wiederum kann man durch Waypoints definieren.

Geschwindigkeiten und Zeiten

Aus den vielfältigen weiteren navigatorischen Berechnungsmöglichkeiten eines GPS-Empfängers seien beispielhaft die Geschwindigkeit, z.B. über Grund (Ground Speed, GS) und die Zeit, z.B. die geschätzte Zeit zum Zielort (Estimated Time Enroute, ETE), genannt. Daraus ergeben sich dann logischerweise auch weitere Navigationsparameter wie z.B. die ETA (Estimated Time of Arrival), die Ankunftszeit am Zielort (oder Waypoint).

Die Geschwindigkeit selbst kann z.B. über den Dopplereffekt (s.a. Doppler-Navigation unter "Navigation heute") ermittelt werden. Außerdem ist eine Berechnung mit der Gleichung V = D x T möglich. Die Größe D (Entfernung zwischen 2 Punkten) errechnet sich dabei aus der Subtraktion der Koordinaten dieser Punkte. Die Größe T entspricht der für diese Strecke benötigten Zeit. Die Rechenvorgänge laufen im Prozessor des GPS-Empfängers ab.

Soweit als erster Vorgeschmack dieser kurze Ausblick auf die navigatorischen Möglichkeiten mit GPS.

GPS-Satelliten-Herstellung bei Rockwell International, Seal Beach, USA (Aerodata).

Der GPS-Boom

Zu Beginn des Jahres 1993 zählte man allein in den USA bereits über 30.000 in Flugzeugen installierte GPS-Empfänger, eine Zahl, die in so kurzer Zeit nach dem Start des GPS von noch keinem anderen Navigationssystem erreicht worden war.

Der GPS-Empfänger-Markt im Consumer-Bereich (private Anwender aus Luftfahrt, Seefahrt und Landverkehr) expandiert seit zwei Jahren enorm. Neben den GPS-Pionieren (Garmin, Trimble usw.) und den zögernd einsteigenden etablierten Avionic-Firmen (Bendix/King, Honeywell, Narco usw.) mischen inzwischen auch große Unternehmen der Unterhaltungselektronik (Sony, Panasonic) kräftig mit und bieten sogenannte "Hand-Held"-Empfänger an, kleine, portable Geräte mit Batteriebetrieb; GPS für die Westentasche. Die Preise sind überraschend niedrig, für rund 1.500 bis 1.700 Mark kann man ein solches Gerät erwerben (Mai 1993). Die Preistendenz allerdings ist noch fallend, bei knapp unter 1.000 DM dürfte aber aus heutiger Sicht ein vorläufiger Endpunkt erreicht sein.

Die Preise der GPS-Empfänger werden weitgehend von der Leistungsfähigkeit bestimmt. 3-Kanal-Empfänger kosten natürlich weniger als z.B. 8-Kanal-Empfänger und DGPS-taugliche Empfänger, die eine horizontale Genauigkeiten von rund 1-10

Meter liefern, liegen nochmals ein gutes Stück darüber. DGPS-tauglich sind zur Zeit einige Marine-GPS-Empfänger, die über einen zusätzlichen Differential Beacon Receiver (DBR, Entwicklung von Magellan) zum Empfang der DGPS-Bodenstationen an den Küsten der USA verfügen.

Allgemeine Luftfahrt: Trendwende bei der Navigation

Seit Jahrzehnten quälen sich private und professionelle Piloten mit komplizierten Navigationsverfahren und setzen für die an sich einfache Aufgabe, von A nach B zu kommen, viele teure und empfindliche Navigationsinstrumente ein.

Früher, als es nur das ADF gab, war die Navigation einfacher, von der Störanfälligkeit dieses Systems durch Wetter usw. einmal abgesehen. Man folgte einer Nadel, deren Spitze auf ein Funkfeuer (NDB) zeigte, und erreichte irgendwann das Ziel, das NDB. Für Schlechtwetter-Flugbetrieb war dieses Verfahren nicht sonderlich gut geeignet, denn es war abhängig von Nacht-, Dämmerungs-, Küsten- und Witterungsfehlern und versagte bei Gewittern gar völlig seinen Dienst.

Dies änderte sich erst, als die VOR-Navigation entwickelt wurde. Durch die höhere Frequenz des VOR (Very High Frequency Omnidirectional Radio Range, VOR) war das Problem der Störanfälligkeit durch statische Elektrizität und Interferenzen weitgehend beseitigt. Doch zu welchem Preis, schreibt Keith Connes, Autor des lesenswerten Buches "The LORAN-, GPS-, NAV/COM-Guide", das leider nur in englischer Sprache vorliegt und außerdem für uns Mitteleuropäer fliegerisch unbedeutende LORAN-Informationen enthält.

Der hohe Preis, den, laut Connes, Generationen von Piloten dann für die VOR-Technik zu zahlen hatten, bestand darin, daß das von "perversen Avionic-Ingenieuren" (Zitat Connes) entwickelte VOR ein überaus komplexes System mit schwierig zu interpretierenden Anzeigen war. Ein System, das, so Connes, gegen jede Logik und menschliche Ergonomie arbeitete.

Als Beispiel für diese "Perversion" beschreibt er die Umständlichkeit, mit der ein Tower Controller einen desorientierten Piloten zur Bedienung des VOR anleiten mußte: "Steht der CDI (Course Deviation Indicator, Kursablageanzeiger) in der Mitte? Ok, haben sie das? Gut, haben Sie nun eine TO- oder eine FROM-Anzeige auf Ihrem Anzeigegerät? OK. Welche Zahl sehen Sie jetzt auf der Skala?"

Das Beherrschen solcher relativ abstrakten Navigationsmethoden hat jahrzehntelang Piloten in den Augen ihrer nichtfliegenden Mitmenschen mit einer besonderen Aura umgeben. Wer so kompliziert bei einem so einfachen Ziel, nämlich eine Richtung von A nach B zu finden, denken und analysieren mußte, konnte nur ein hochqualifizierter Fachmann sein.

Die Flächennavigation (Area Navigation, RNAV) war der nächste fluginstrumentelle Schritt, das VOR- und NDB-Abfliegen zu entschärfen. Mit der Möglichkeit, Phantom-VORs (Waypoints) bei RNAV zu erzeugen, konnte man nun einigermaßen plausible Routen planen, die nicht mehr im Zickzack von Funkfeuer zu Funkfeuer führten. Aber durch RNAV wurde die Instrumentierung im Cockpit noch unübersichtlicher. Das komplizierte Management der inzwischen zahlreichen Avionic-Instrumente überfordert fast jeden nicht-professionellen Piloten, sofern er nicht ständig in fliegerischer Übung ist.

GPS Master Control Station in Colorado Springs, USA (Aerodata).

Nun beherrscht GPS das navigatorische Denken aller Piloten in der Allgemeinen Luftfahrt. Mitunter wirkt das Engagement für die neue Navigationstechnik so stark, als habe es andere Verfahren niemals gegeben.

Mit zunehmender Besorgnis beobachtet wegen dieser Tendenz auch das Luftfahrt-Bundesamt in Braunschweig die rapide ansteigende Zahl der GPS-Nutzer in den Cockpits ein- und zweimotoriger Reiseflugzeuge. Dabei geht es dem LBA weniger um das Problem der Zulassung, sondern mehr um die Art und Weise, wie die GPS-Navigation betrieben wird.

Viele GPS-Empfänger, vor allem die Hand-Held-Geräte, sind von der Bedienung und der Anzeige her gesehen für einen ernsthaften fliegerischen Einsatz kaum geeignet. So kommt es, daß sich die mit GPS navigierenden Piloten mehr dem sicheren Platz ihres Empfängers als den navigatorischen Ergebnissen widmen, denn von cockpitgerechter Ergonomie und problemlosem Handling sind viele Geräte noch weit entfernt. Auch Drachenflieger sollen übrigens schon mit GPS-Empfängern gesehen worden sein.

Abkehr von konventioneller Avionic

Überraschend in der Allgemeinen Luftfahrt ist das zögernde Engagement bei GPS seitens der etablierten Avionic-Hersteller.

Außer einigen zaghaften Ansätzen hat sich bezüglich GPS bei diesen Anbietern in der Vergangenheit wenig getan. Der Grund dafür aber ist nicht allein darin zu suchen, daß es noch an offiziellen Zulassungen der Luftfahrtbehörden fehlt, sondern vielmehr auch darin, daß der nichtprofessionelle Anwender (Sichtflieger in der Allgemeinen Luftfahrt) inzwischen der konventionellen NAV-Avionic den Rücken kehrt und begierig auf den erheblich billigeren und einfacher zu bedienenden GPS-Empfänger setzt.

Jeder, der jemals ein Flugzeug besessen hat, kennt die Probleme mit der Avionic-Ausrüstung. Hat man schließlich rund 20.000 bis 30.000 DM in eine VFR-Avionic investiert, fehlt immer noch die Redundanz, die zusätzliche Doppelinstrumentierung, falls eine Systemkomponente einmal ausfallen sollte. Also nochmals rund 20.000 DM investieren? Nein, denn das kann jetzt durch GPS entfallen, auch wenn es noch nicht zur Primär-Navigation verwendet werden darf. Ohnehin hat man es als Sichtflieger einfacher, denn bis auf Sprechfunkgerät und Transponder ist an Avionic für Sichtflieger geräteseitig nichts vorgeschrieben (die üblichen Fluglageinstrumente einmal unberücksichtigt).

GPS-Empfänger statt Doppelinstrumentierung

Wer sich heute als Sichtflieger eine ein- oder zweimotorige neue Maschine anschafft, wird angesichts der potentiellen Fähigkeiten von GPS nicht zögern, z.B. auf ein zweites VOR zu verzichten (vom ADF gar nicht erst zu reden) und stattdessen einen GPS-Empfänger in zukunftsträchtiger Technologie (ab 5-Kanal-Empfänger aufwärts) zu installieren. Auch bei Ersatzanschaffungen spielt GPS eine zunehmend bedeutende Rolle. Der Trend in der Allgemeinen Luftfahrt geht von der üblichen Doppel-Instrumentierung zur Backup-Instrumentierung mit GPS.

Diese Entwicklung wird von den Avionic-Herstellern mit großer Besorgnis gesehen, denn die eigene konventionelle und teure NAV-Avionic leidet zunehmend an Absatzschwund. Würden die Avionic-Firmen aber nun verstärkt in den GPS-Markt einsteigen, wären Konkurse vorhersehbar: Die jahrzehntelang gewachsenen Strukturen dieser Unternehmen lassen nämlich keine Preiskämpfe mit den GPS-Spezial-Unternehmen zu, die mit erheblich weniger Aufwand arbeiten und inzwischen den GPS-Markt beherrschen.

Konventionelle Avionic-Unternehmen haben ohnehin schon seit längerer Zeit erhebliche Absatzprobleme: Verdrängungswettbewerb zwischen den internationalen Airlines, restriktive Flottenpolitiken, allgemeine weltweite Rezession und einschneidende Etatkürzungen bei den Luftwaffen aller Länder.

Konventionelle Avionic im technischen Vergleich zu GPS

Ein großer Unterschied besteht auch im technischen Aufwand bei konventioneller NAV-Avionic und GPS-Empfängern, wenn man die Hochtechnologie bei den Sendestationen (Satelliten bei GPS und Bodenstationen bei der konventionellen NAV-Avionic) einmal außer acht läßt. Während z.B. die Technik eines VOR-Empfängers außerordentlich aufwendig ist, handelt es sich bei einem einfachen GPS-Empfänger im Grunde nur um ein (allerdings präzises) Radio, das eine einzige Frequenz empfängt, auswertet und mit einem Standard-Mikroprozessor und einer hochwertigen Quarzuhr alle für die Navigation wichtigen

Daten berechnet und auf einem LCD-Bildschirm mit 2-4 Zeilen ausgibt.

Überspitzt ausgedrückt, kommt ein einfacher GPS-Empfänger mit einem Bruchteil des technischen Aufwands aus, der z.B. für einen VOR-Empfänger betrieben werden muß, wobei der GPS-Empfänger aus der Sicht von VFR-Piloten häufig auch noch zuverlässiger und genauer arbeitet.

ADF- und VOR-Störungen

Die GPS-Ungenauigkeiten (z.B. SA, Selective Availability), kurzzeitiger Ausfall der NAV-Anzeigen bei Kurvenflug oder nicht verfügbare Satelliten spielen im Sichtflug navigatorisch keine Rolle. Häufig beklagen VFR-Piloten ohnehin die Unzuverlässigkeit konventioneller NAV-Technik (ADF, VOR) im nicht-professionellen Bereich.

Drei Beispiele seien zu dieser Kritik einmal genannt:

- Topografisch, witterungs- und tageszeitlich bedingte ADF-Störungen.

- Unzuverlässige VOR-Anzeigen mit plötzlich auftauchenden Warning Flags, die ebenso schnell und unerwartet wieder verschwinden.

- Noch weit von einer VOR-Station entfernt pendelt manche Kursablagenadel heftig hin und her und kündigt damit den unmittelbar bevorstehenden Überflug der Station an.

Das quasi-optische Ausbreitungsprinzip des VOR hat hier einen nicht unbedeutenden Teil Schuld: Je niedriger man fliegt, umso unzuverlässiger ist die Anzeige. Zwar arbeiten auch die GPS-Satelliten nach dem Prinzip der quasi-optischen Ausbreitung, doch hier kommen die elektromagnetischen Wellen aus dem All und erreichen weitgehend unbehindert die Empfangsantenne auf dem Flugzeugrumpf. Positionsfehler können aber kurzfristig auftreten, wenn das Flugzeug eine Kurve fliegt und dadurch beispielsweise drei von vier sichtbaren Satelliten durch die Tragflächen abgeschattet werden.

Bevor wir uns nach dieser allgemeinen, auf die Luftfahrt bezogenen Einleitung der Satellitennavigation im Detail zuwenden und die technischen Verfahren betrachten, machen wir zunächst einmal eine "navigatorische Bestandsaufnahme", um die zur Zeit in der Luftfahrt bekannten und verwendeten Navigationssysteme zum Vergleich vor die Ausführungen über GPS zu stellen.

Navigation heute

In diesem Abschnitt geht es zunächst kurz um die Definition der Begriffe "Ortung" und "Navigation". Dies ist deswegen wichtig, weil sich nur der Begriff "Navigation" im allgemeinen Sprachgebrauch gehalten hat, und der Begriff "Ortung" in allen Verkehrsbereichen mehr oder weniger subsumiert wurde. Hierzu muß festgehalten werden: Navigation ist erst nach Ortung möglich. So weit dieser kleine Exkurs in die sprachlichen Unsitten von Piloten, Seefahrern und Abenteurern (den Autor dieses Buches eingeschlossen).

Nach der Begriffsbestimmung von Ortung und Navigation werden die in der Luftfahrt zugelassenen und heute vorrangig praktizierten Navigationsverfahren in Kurzform vorgestellt, um den Vergleich zu der Navigation mit GPS zu ermöglichen.

Ortung und Navigation

Ortung

Ortung ist zunächst ein Begriff für die Gesamtheit der Meß- und Rechenvorgänge zur Bestimmung eines Standortes. Im weiteren Sinne versteht man unter Ortung:

- Die Ermittlung der Lage (Position) von Objekten durch Angabe ihrer ebenen oder räumlichen Koordinaten.

- Die Ermittlung des Bewegungszustandes (horizontale und vertikale Geschwindigkeit sowie Beschleunigung).

Je nach Art der verwendeten meßtechnischen Hilfsmittel unterscheidet man Sicht-, Schall-, Funk-, Astro- und Trägheitsnavigation.

Navigation

Im weiteren Sinne ist Navigation (lat. navigatio, Schiffahrt) das Führen eines Wasser-, Land-, Luft- oder Raumfahrzeuges von einem Ausgangsort auf bestimmtem Wege zu einem Zielort, einschließlich der dazu erforderlichen Meß- und Rechenvorgänge. In engerem Sinne ist Navigation die Planung und Überwachung der Fahrzeugbewegung (auch Schiffe und Flugzeuge sollen hier zu "Fahrzeugen" gezählt werden) in möglichst optimaler Weise. Dazu gehören die Ankunft an bestimmten Orten zu bestimmten Zeiten, das Ermitteln des bereits zurückgelegten Weges, das Einhalten eines vorgeschriebenen Kurses, das möglichst schnelle und treibstoffsparende Erreichen eines Zieles.

Bei der bordautonomen Navigation können sämtliche für die Navigation erforderlichen Meß- und Rechenvorgänge an Bord des Fahrzeuges vorgenommen werden (völlige Unabhängigkeit von Boden- oder Raumstationen). Hierzu gehört insbesondere die Koppelnavigation, bei der man, ausgehend von einem bekannten Aus-

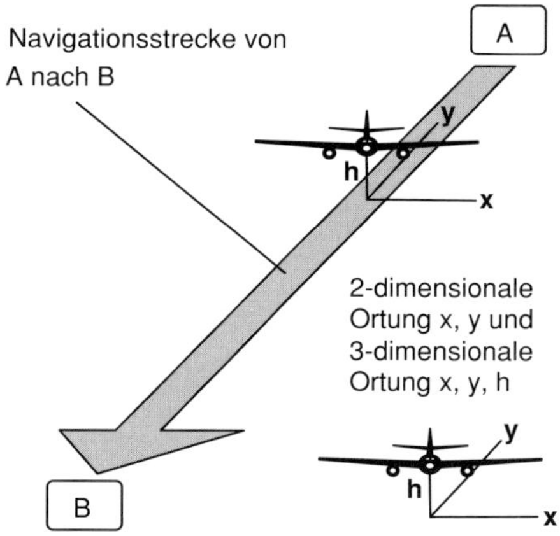

Ortung (2- und 3-dimensional) und Navigation.

gangsort, durch laufende Messungen der Geschwindigkeit, ggf. auch der Beschleunigung des Fahrzeugs, und geeignete Integration dieser Meßwerte die Bahn des Fahrzeugs berechnet (Besteck-, Kurs- oder Koppelrechnung).

Nach den Grundlagen und den meßtechnischen Hilfsmitteln und Möglichkeiten unterscheidet man:

- Terrestrische Navigation und Sicht-Navigation: Einbeziehung der naturgegebenen Eigenschaften der Erde, z.B. der Sicht (Sichtpeildung), des Erdgravitationsfeldes (Lot, Horizont), des Erdmagnetfeldes (Magnetkompaß), der Erddrehung (Kreiselkompaß), der Atmosphäre und Hydrosphäre (Fahrtmesser, Höhenmesser, Variometer).

- Funknavigation: Ausnutzung der Funksignale spezieller Funknavigationssender (-systeme).

- Schallnavigation: Ausnutzung der Ausbreitungseigenschaften von Schallwellen (Echolot, Sonar).

- Astronavigation

- Trägheitsnavigation

- Optimalnavigation: Kombination einzelner Meß- und Recheneinrichtungen, die bestimmte Aufgaben optimal lösen, zu Navigationszwecken (z.B. Trägheitsnavigationssystem kombiniert mit Funk- oder Satellitennavigation).

Im folgenden wollen wir die zur Zeit noch vorherrschenden Navigationsverfahren in der Luftfahrt kurz beleuchten und dabei gelegentlich einen kleinen geschichtlichen Rückblick einblenden.

Funknavigationsverfahren in der Luftfahrt

Radiokompaß (ADF)

Trotz allen Fortschritts bei den Anzeige- und Bediensystemen gibt es heute in der Luftfahrt immer noch eines der ersten Navigationsverfahren, wenn auch in wesentlich verbesserter Verfahrens- und Geräte-Technik, den Radiokompaß (Automatic Direction Finder, ADF). Die Funknavigation mit Mittelwellensendern (NDB) hat eine lange Tradition.

Die zum ADF gehörige Bodenstation heißt NDB (Non Directional Beacon, ungerichtetes Funkfeuer). NDBs sind an signifikanten Positionen an Luftstraßen aufgestellt. Vorrangig dienen sie dem Piloten zur Streckennavigation. Sie werden aber auch für Zielflugverfahren, zur Standortbestimmung, zur Markierung von Pflichtmeldepunkten, als Wartefunkfeuer, als Anflugfunkfeuer und für Kursflüge verwendet. NDBs arbeiten im Frequenzbereich von 200-1.750 kHz (Mittelwelle). Mit dem Bordgerät, dem ADF, wird die Richtung zwischen Flugzeug und Funkfeuer, bezogen auf die Flugzeuglängsachse (oder auf mißweisend Nord), bestimmt. Eine Anzeigenadel auf dem ADF-Indicator zeigt den Peilwinkel.

LORAN

Im Jahr 1940 entwickelten britische Ingenieure ein Funknavigationsverfahren zur Kurz- und Mittelstreckennavigation, dessen Standlinien Hyperbeln waren. Es arbeitete zwar nicht sonderlich genau, jedoch stand erstmals in der Geschichte der Fliegerei ein Verfahren zur Verfügung, bei dem die Flugzeuge nicht bestimmten Routen folgen mußten, um sich über ihren navigatorischen Standort im klaren zu sein.

In erster Linie diente das mit dem Namen GEE benannte Verfahren dazu, Kampfflugzeugen auf ihren Einsatzflügen die Navigation zu erleichtern. GEE war das erste Navigationsverfahren, das mit Hyperbeln arbeitete. Bei der Hyperbel-Navigation werden von einer Bodenstation ausgesendete Funkstandlinien gleicher Zeitdifferenz als Hyperbeln auf einer Landkarte eingezeichnet.

Kurz nach der Entwicklung des GEE-Verfahrens führte man LORAN (Long Range Navigation) als Navigationsverfahren ein. Bei diesem Verfahren wurden längere Wellenlängen verwendet, so daß man über größere Distanzen navigieren konnte. Auch heute wird noch teilweise (vor allem in älteren Airlinern und verschiedenen General-Aviation-Flugzeugen) mit LORAN navigiert, allerdings nur in der Version LORAN C, denn LORAN A wurde im Jahr 1977 eingestellt. In der Seefahrt gehört LORAN weiterhin zu den verbreiteten Navigationsverfahren.

Für die Verkehrsluftfahrt gehört LORAN im Prinzip der Vergangenheit an. In den USA jedoch ist die Navigation mit LORAN noch weit verbreitet. Insgesamt stehen dort 12 der weltweit 19 LORAN-Senderketten. Eine Spezialität ist in den USA die Kopplung von LORAN mit GPS. Einige Avionic-Hersteller bieten zu diesem Zweck Kombinationsgeräte an.

VOR/DME-Navigation

Zum Leidwesen vieler Techniker, die das Decca-Verfahren für wesentlich genauer als beispielsweise das VOR/DME-Verfahren hielten, konnte sich Decca bei dem entscheidenden Treffen der ICAO zur Festlegung eines Standard-Navigationsverfahrens im Jahre 1958 nicht durchsetzen. Die VOR/DME-Navigation wurde bevorzugt und hat sich bis heute weltweit als Standard-Navigationsverfahren im Kurzstreckenbereich gehalten. In der Seefahrt allerdings spielt auch Decca noch eine bedeutende Rolle.

Die Arbeit einer VOR-Bodenstation (UKW-Drehfunkfeuer) kann mit einem Leuchtturm verglichen werden, dessen sich in einem bestimmten Zeitraum um 360 Grad drehendes Leuchtfeuer einen aus allen Richtungen erkennbaren Blitz abgibt. Diese Bodenstation hat eine rotierende Antenne, die sogenannte "Leitstrahlen" (Radiale) abstrahlt. Insgesamt sind es (wie bei einer Kompaßrose) 360 Radiale.

VOR-Bodenanlagen werden als normale VOR für die Streckennavigation, als TVOR für an- und abfliegende Flugzeuge im Flughafenbereich, als DVOR (Doppler-VOR) und VOT (Testanlage für bordseitige VOR-Empfänger) eingesetzt.

Die nach dem Doppler-Verfahren arbeitende DVOR hat gegenüber einer normal arbeitenden VOR den Vorteil, daß sie auch in der Nähe von reflektierenden Gebäuden usw. sowie bei niedrigem Flug über gebirgigem Gelände genauere Navigationsinformationen liefert. Massive Störungen, wie sie bei der Wellenausbreitung einer normalen VOR vorkommen, gibt es bei der DVOR nicht.

Beim DME (Distance Measuring Equipment, Entfernungsmeßgerät) handelt es sich nicht um ein eigenständiges Navigationsgerät, sondern um ein separates Anzeigegerät oder eine separate Anzeige auf einem Display an Bord des Flugzeuges. Die VOR/DME-Bodenstation liefert automatisch beim Rasten der Frequenz die Entfernungswerte.

Die DME-Bodenanlage ist immer mit einer VOR-Station gekoppelt. Die VOR-Station muß aber entweder als VOR/DME-Anlage konzipiert sein oder mit einer TACAN-Anlage, welche den entfernungsgebenden Teil (DME) enthält, kombiniert sein. Im letzten Fall nennt man diese Anlage dann VORTAC. Handelt es sich bei dem VOR-Teil der VORTAC-Station um ein Doppler-VOR (DVOR), wird die Anlage DVORTAC genannt.

Area Navigation (RNAV)

Area Navigation (RNAV, Flächennavigation) im Kurzstreckenbereich wird mit einer VOR/DME- oder VORTAC-Station durchgeführt. Im Grunde ist das RNAV-Verfahren nichts anderes als eine simple Dreiecksberechnung, die ein entsprechendes Bordgerät vornimmt und die Werte z.B. über ein DME-Anzeigegerät ausgibt. Mit Area Navigation kann man seine genaue Position bestimmen und Waypoints (Phantom-VORs), die Bestandteil eines Flugplanes sein können, festlegen. Die Position des Waypoints ist durch das Radial und die Entfernung zur VOR/DME-Station festgelegt.

Doppler-Navigation

Jeder kennt den Effekt, den zum Beispiel ein nahender Zug mit einem Warnton verursacht: Bei Annäherung des Zuges hat der Warnton eine höhere Frequenz als nach dem Vorbeifahren. Diesen Effekt macht sich das Doppler-Verfahren, das heute noch verwendet wird, zunutze.

Die Doppler-Navigationsanlage (Doppler Radar) an Bord des Flugzeuges sendet eng gebündelte Radarstrahlen mit einer bestimmten Frequenz zum Erdboden. Entsprechend der relativen Geschwindigkeit zwischen Flugzeug und Erdboden ist beim Auftreffen dieser Strahlen auf dem Erdboden eine Dopplerfrequenz vorhanden.

Ein Teil dieser Radarstrahlen wird reflektiert und kann an Bord wieder empfangen werden. Die Strahlen werden nun in verschiedene Richtungen ausgesendet oder geschwenkt. Durch Auswertung der Dopplerfrequenzen lassen sich nun die Geschwindigkeit über Grund und die Abdrift bestimmen.

Ungenaue Daten liefert dieses Navigationsverfahren lediglich bei sehr niedrigen Fluggeschwindigkeiten und bei ebenen Flächen (z.B. bei ruhiger, glatter See).

Zur Geschwindigkeitsbestimmung arbeiten auch zum Teil GPS-Empfänger nach dem Doppler-Verfahren. Mit zeitlich versetzten Messungen der Satellitensignale werden die Dopplerfrequenzen ermittelt. Durch Vergleich dieser Frequenzen kann man die Geschwindigkeit über Grund berechnen.

Trägheitsnavigation (INS)

Das zweite völlig autonom arbeitende Navigationsverfahren, das heute noch eingesetzt wird, war die Trägheitsnavigation (Inertial Navigation System, INS). Dieses Verfahren, das bei fast allen Langstreckenflugzeugen zum Einsatz kommt, basiert auf dem Grundgedanken, Beschleunigungen zu messen und damit die von dem Flugzeug zurückgelegte Strecke zu errechnen. Die Technik ist allerdings sehr kompliziert und läßt sich nicht mit ein paar Worten beschreiben.

Bei heutigen modernen Anlagen steht im Zentrum des INS-Systems (meistens Inertial Reference Unit, IRU, genannt) ein Laserkreisel, der dreidimensionale Lagereferenzen (Position und Höhe) an die IRU liefert. Hinzu kommen die Daten des Air Data Computers (Geschwindigkeits- und Höheninformationen vom Staurohr und vom Höhenmesser). Von der IRU gehen die berechneten Werte zur Ausgabe sowohl an das FMS (Flight Management System), das EFIS (Electronic Flight Instrument System) und an einen RMI (Radio Magnetic Indicator).

Die z.B. im FMS aufbereiteten Daten werden im Wechsel via EFIS an den EHSI (Electronic Horizontal Situation Indicator) zur Navigation und auch an den Controller des Autopiloten zur automatischen Kurskorrektur ausgegeben. Der EHSI zeigt dabei unter anderem den Kurs, den Flugweg, die Abweichung vom Flugweg wie auch die Entfernung zum Bestimmungsort oder zum nächsten Waypoint an.

Doppler- und Trägheitsnavigation gehören zu den am meisten angewendeten Navigationsverfahren. Sie ermöglichen eine sehr präzise Navigation und werden bei allen möglichen Arten von Flügen angewendet. Heute steht die Trägheitsnavigation mit dem Laserkreisel als Langstrekken-Navigationsverfahren an erster Stelle.

OMEGA

Die OMEGA-Navigation wurde nach der Trägheitsnavigation entwickelt und war bis zum Einsatz der Satellitennavigation das jüngste Navigationsverfahren. Auch OMEGA ist ein Navigationsverfahren, das wie Decca und LORAN im VLF-Bereich (Very Low Frequency, sehr niedrige Frequenzen) mit Hyperbel-Standlinien arbeitet. Obwohl weltweit nur acht Bodenstationen benötigt werden, ist die Navigationsgenauigkeit sehr hoch. Die OMEGA-Navigation wird aber nicht nur von der Luftfahrt, sondern auch z.B. von Unterseebooten (sogar in Tauch-Konfiguration) angewendet. Zur Positionsbestimmung benötigt man mindestens drei Sendestationen und zwei Hyperbelschare.

OMEGA hatte sich nach der Einstellung der LORAN A-Navigation 1977 als VLF-Langstreckenflug-Navigationsverfahren erster Wahl etabliert. Teilweise navigieren auch heute noch viele zivile und militärische Langstreckenflugzeuge mit OMEGA.

Astronavigation

Bei der Langstreckennavigation dominierte in den Jahren zwischen 1930-1960 die Astronavigation, der Vorläufer der Trägheitsnavigation. Bei der Astronavigation wurde die Bestimmung des Standortes und des Kurses durch Winkelmessung zu Gestirnen vorgenommen. In das Dach des Flugzeuges war eine durchsichtige Kuppel eingebaut, durch die der Navigator mit dem Handsextanten die Gestirne beobachtete.

Nachdem die in großen Höhen fliegenden Flugzeuge jedoch mit Druckkabinen ausgerüstet sein mußten, entwickelte man den "Periskop-Sextanten", ähnlich dem Periskop in einem U-Boot. Man umging dadurch die mangelnde Druckfestigkeit der Kuppeln, ihren baubedingt hohen aerodynamischen Widerstand und die durch Lichtbrechung in der Kuppel verursachten Beobachtungsfehler. Astronavigation war allerdings nur bei guten Sichtverhältnissen möglich.

Der Navigator mußte seine Ergebnisse ständig überprüfen: Mit der LORAN-Navigation, mit dem Doppler-Radar und zwischendurch immer wieder erneut mit der Astronavigation. In den Cockpits dieser Flugzeuge saßen bis zu 5 Crew-Mitglieder: Flugkapitän, Co-Pilot, Flugingenieur, Navigator und gegebenenfalls ein zweiter

Flugkapitän. Heute wird die Astronavigation nicht mehr eingesetzt.

Im Prinzip ist die Astronavigation der Vorläufer der Navigation mit GPS. Während bei der Astronavigation die "optische" Sicht zu den natürlichen Sternen Voraussetzung für die trigonometrischen Berechnungen zur Positionsbestimmung war, ist es bei der GPS-Navigation die "elektromagnetische" Sicht zu den künstlichen Sternen, den Satelliten.

Landeverfahren

Vom Durchstoßverfahren bis zum heutigen Instrumentenlandesystem war es ein langer Weg, obwohl den Piloten schon Ende der 20er Jahre Vorläufer des jetzigen ILS zur Verfügung standen.

Inzwischen aber ist auch das ILS in die Jahre gekommen, neue Instrumenten-Technologien haben in den vergangenen Jahren sprunghaft die Cockpits verändert und ermöglichen heute Landeanflüge mit großer Präzision. Es fehlt jedoch ein Landesystem mit einer ebenso präzisen Bodenanlage, die weitgehend unbeeinflußt von ihrer topografischen Lage arbeitet. Diese Voraussetzungen würde das Mikrowellenlandesystem mitbringen.

Instrumentenlandesystem (ILS)

Bereits 1929 gab es das Instrumentenlandesystem (Instrument Landing System, ILS) in seiner grundlegenden Form. Nach langwierigen Experimenten und ständigen Verbesserungen wurde es schließlich im Jahre 1942 für den Luftverkehr eingeführt und 1949 weltweit als Standard-Anflugverfahren festgeschrieben. In Deutschland installierte man die ersten ILS-Systeme in den 50er Jahren.

Die ILS-Bodenanlage besteht zunächst aus dem Landekurssender (Localizer), der dem anfliegenden Flugzeug Kurs- und Gleitweginformationen liefert.

Zusätzlich gehören noch die Markierungsfunkfeuer (Marker Beacons = Outer Marker, OM, und Middle Marker, MM) dazu, die in festgelegten Distanzen zum Aufsetzpunkt der Landebahn installiert sind und dem Flugzeugführer bei Überflug die jeweilige Entfernung bis zum Aufsetzpunkt durch Ton- und Lichtsignale angeben.

Kurs- und Gleitweginformationen werden vom Landekurssender mit verschiedenen Frequenzen abgestrahlt. Beide Signale werden im Flugzeug vom VOR-Empfänger, der für den Gleitwegempfang ausgerüstet sein muß, verarbeitet und auf dem Kreuzzeigerinstrument (VOR/LOC/GS-Anzeigegerät) mit zwei senkrecht zueinander stehenden Zeigern dargestellt. Der korrekte Anflugkurs und die richtige Position auf dem Gleitweg sind erreicht, wenn sich beide Anzeigenadeln exakt in der Mitte der Anzeigeskala kreuzen.

Mikrowellenlandesystem (MLS)

Mit Zunahme des Weltluftverkehrs erwies sich das ILS im Laufe der Zeit vor allem bei topografisch ungünstig gelegenen Flughäfen als nicht ideal, da nämlich sein volles Frequenzspektrum nicht ausgenutzt werden kann. Nur eine bestimmte Anzahl von Frequenzen eignet sich in diesem Fall, um unerwünschte Reflexionen, unter anderem auch von Gebäuden, zu vermeiden.

Abhilfe schuf man in den 70er Jahren mit dem Mikrowellenlandesystem (MLS, Microwave Landing System). MLS sollte das bisherige ILS ersetzen.

Der entscheidende Vorteil des MLS liegt in einem hochstabilen Sendesignal in einem Umkreis von 20 Nautischen Meilen um die Sendestation. Im MLS-Empfänger an Bord des Flugzeuges werden sehr genaue Gleitweg- und Kurssignale empfangen, die exaktere und damit sicherere Anflüge gewährleisten.

Einen Mehrwege-Empfang wie beim ILS gibt es beim MLS nicht. Außerdem erlaubt MLS mit 200 Kanälen (gegenüber 40 beim ILS), auch in Gebieten mit größerer Flughafendichte die Installation mehrerer Systeme in unmittelbarer Nähe, ohne daß es zu Interferenzproblemen kommt.

In Deutschland ist zur Zeit eine Versuchsanlage installiert. Wie lange eine vollständige Umstellung vom ILS- zum MLS-Verfahren dauern könnte (und ob überhaupt MLS eingeführt wird!), ist noch nicht abzusehen.

In den USA hat der Boom der Satellitennavigation und deren Optionen für die Zukunft ohnehin bereits ein Umdenken bei den Behörden ausgelöst. Lange Jahre hatte man dort MLS favorisiert. Seit 1992 jedoch ist eine sehr deutliche Tendenz zu GPS/DGPS festzustellen. An verschiedenen Flughäfen sind bereits DGPS-Anlagen, vorerst zur Erprobung, installiert.

Zusammenfassung

Die bodenabhängige Navigation zur Flugzeugführung erfolgt heute mit allen zur Verfügung stehenden Funknavigationsverfahren. Im einzelnen sind dies ADF-, VOR-, DME-, RNAV-, ILS- und zum Teil VLF-Verfahren.

An autonomen Navigationsverfahren werden Trägheitsnavigation und vereinzelt Doppler-Radar angewendet. Sowohl Navigationsrechner als auch Flugmanagementrechner werten die Funknavigationssignale aus.

Dabei werden die Informationen der Trägheitsnavigationsanlage (Lagedaten, Koordinaten) und die Werte des Luftdatenrechners (Geschwindigkeit, Druckwerte usw.) einbezogen. So erhalten die Flugzeugbesatzungen zu jedem Zeitpunkt eines Fluges einen lückenlosen navigatorischen Gesamtüberblick. Zunehmend treten bei der Streckennavigation GPS-Empfänger in den Vordergrund, wenngleich auch noch mit gewissen Einschränkungen bei der Zulassung.

Bei den Landeverfahren wird das ILS noch solange auf den Verkehrsflughäfen unangefochten die Landehilfe Nummer 1 bleiben, bis GPS in seiner Präzisionsversion DGPS die Sicherheit und Genauigkeit bietet, die von den internationalen Luftfahrtbehörden verlangt werden. Ob MLS vor DGPS noch "eingeschoben" wird, muß bezweifelt werden. Nicht zuletzt spielen die enormen Investitionskosten bei MLS eine entscheidende Rolle.

Vorausgesetzt, GPS wird vom DOD auch in Zukunft betrieben und die GPS-Industrie optimiert Empfänger und DGPS-Bodenstationen, so dürften die Tage sämtlicher konventioneller NAV-Techniken gezählt sein. Die Möglichkeiten, die GPS in der Zukunft bietet, können von keinem bisher bekannten System erreicht werden.

Einführung in GPS

Zur Einleitung eine wichtige Anmerkung: GPS steht am Anfang seiner Entwicklung. Obwohl in diesem Handbuch GPS nach dem derzeitigen Stand der Technik relativ umfassend behandelt wird, darf nicht übersehen werden, daß ständig mit Änderungen, Verbesserungen und Weiterentwicklungen zu rechnen ist.

GPS (NAVSTAR Global Positioning System) ist eines der beiden im GNSS (Global Navigation Satellite Systems) vertretenen Systeme. GPS wurde vom US-Verteidigungsministerium (DOD) 1978 als Nachfolgesystem von Transit, dem ersten US-Satellitennavigationssystem aus den 60er Jahren, gestartet. Der erste Satellitentyp (Block-I) ist inzwischen von den Block-II- und Block-II-A-Typen ersetzt worden. Von den zur Zeit im Orbit befindlichen 23 Satelliten gehören vier zum Typ I, neun zum Typ II und zehn zum Typ II-A.

Der ursprüngliche Zweck von GPS war, die Streitkräfte mit einem zuverlässigen und einfachen Navigations- und Waffen-Leitsystem auszustatten. Doch in der Zwischenzeit hat das DOD das System auch dem zivilen Nutzer geöffnet. Falls das DOD jedoch beabsichtigen sollte, das System stillzulegen oder nur noch für militärische Zwecke zuzulassen, werden die zivilen Nutzer sechs Jahre vor der Einstellung oder Nutzungsänderung informiert.

GPS wird in seiner endgültigen ausgebauten Form über 24 NAVSTAR-Satelliten verfügen. Bei dieser Konfiguration sind an jedem Punkt der Erde rund um die Uhr immer vier Satelliten sichtbar. Es wird angenommen, daß alle 24 Satelliten 1993 im Orbit (Erdumlaufbahn) sind.

Definition von GPS

Bei GPS handelt es sich um ein weltumspannendes Navigationssystem, das eine bestimmte Konstellation von Satelliten in Erdumlaufbahnen verwendet, um die Positionen von Fahrzeugen, Schiffen, Flugzeugen und anderen beweglichen Objekten unter bezug zu regionalen und/oder globalen Kartendarstellungen der Erde zu bestimmen. Die prinzipiellen Vorteile eines vollständig ausgebauten GPS mit 24 Satelliten sind:

- Weltweite Verfügbarkeit
- 24 Stunden am Tag nutzbar
- Völlige Wetterunabhängigkeit
- Hochgenaue Bestimmung von Position, Geschwindigkeit und Zeit

Das GPS-System besteht aus drei Teilen:

- Raum-Segment (24 Satelliten)
- Kontroll-Segment (Master Control Station, Monitor Stations)
- Nutzer-Segment (Empfänger)

Sehen wir uns nun diese drei Segmente im einzelnen an.

GPS-Raum-Segment: Satelliten

In seiner voll funktionsfähigen Endstufe wird das GPS-Raum-Segment über 24 Satelliten verfügen, die in sechs Orbits zu je vier Satelliten in einer Höhe von ca. 20.000 km die Erde umkreisen. In nahezu 12 Stunden umrundet jeder Satellit einmal die Erde.

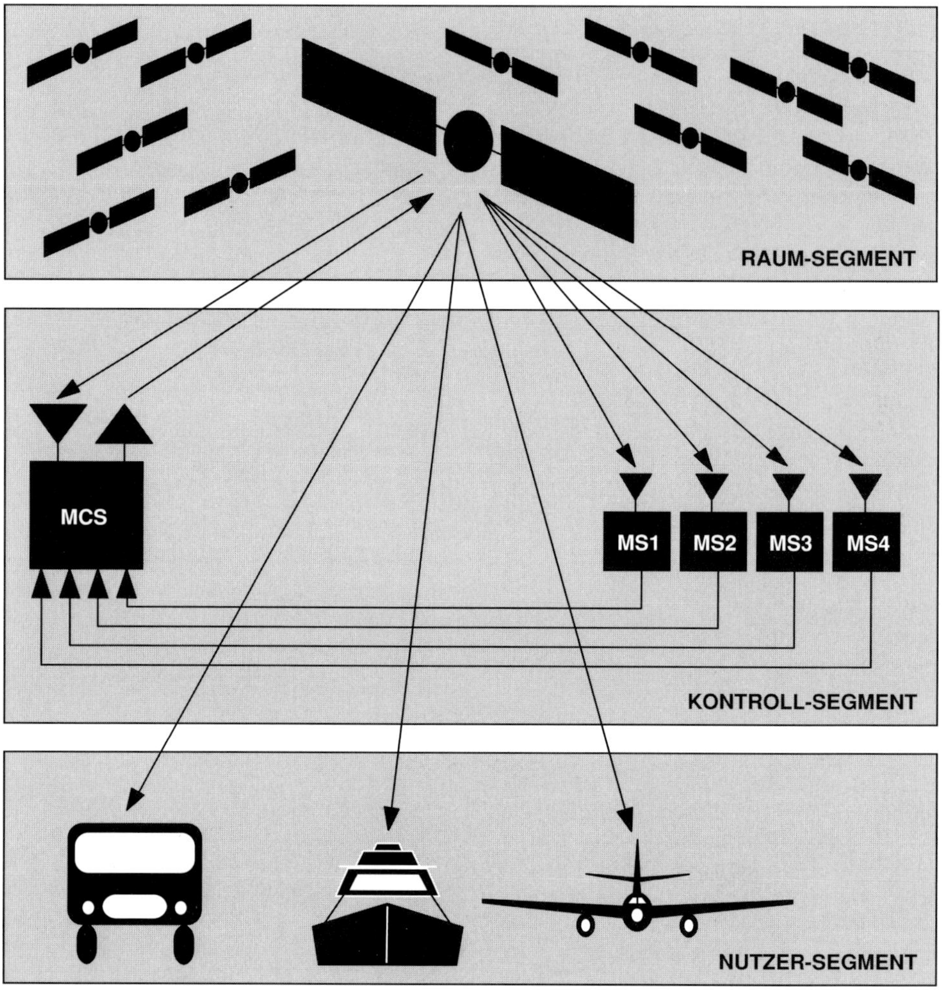

Das komplette GPS, bestehend aus dem Raum-Segment (24 Satelliten), dem Kontroll-Segment (1 Master-Control-Station MCS + 4 Monitor-Stationen MS1 bis MS4) und dem Nutzer-Segment (Seefahrt, Luftfahrt, Landverkehr).

Die Satellitenbahnen sind so ausgewählt worden, daß an jedem Punkt der Erde, die Polarregionen eingeschlossen, zu jeder Zeit mindestens vier Satelliten nutzbar sind. In der nördlichen Hemisphäre werden in der Regel sechs bis acht Satelliten fast ständig über dem Horizont stehen.

Die Satelliten sind mit Solarpaddeln ausgerüstet, um die Akkumulatoren sämtlicher Bordsysteme wie Sender, Computer und Empfänger für die Korrektursignale der Master Control Station erdunabhängig mit Strom versorgen zu können.

Jeder Satellit sendet zu exakt definierten Zeiten auf zwei Trägerfrequenzen (L1, L2) modulierte Signale, die hochpräzise Informationen über seine eigene Bahn enthalten. Alle 30 Sekunden werden diese mit Ephemeris bezeichneten Informationen wiederholt. Alle 12,5 Minuten werden die Bahndaten (mit geringerer Genauigkeit) aller im Raum-Segment befindlichen Satelliten (Almanach) gesendet.

Bedeckungsgeometrie

Ein für die Positionsbestimmung des GPS-Empfängers wichtiger Faktor ist die Geometrie der Satellitenkonstellation, DOP (Dilution Of Precision). Der DOP ist ein Maß für die Signalbedeckungsgeometrie, die für eine bestimmte, zeit- und ortsabhängige Empfangssituation gegeben ist. Man unterscheidet HDOP (horizontal, zweidimensional), VDOP (vertikal, eindimensional), TDOP (Zeit, eindimensional), PDOP (Position, dreidimensional) und GDOP (vollständige Geometrie, vierdimensional). Wie wichtig die DOPs in der Praxis sind, wird bei folgender Überlegung deutlich.

Nehmen wir an, es stehen vier Satelliten über dem Horizont, und wir empfangen die Signale dieser vier Satelliten in ausreichender Signalstärke. Allerdings stehen die Satelliten in unserem angenommenen Fall so dicht zusammen, daß sich die gedachten Verbindungslinien zwischen Empfänger und Satelliten in spitzen Winkeln beim Empfänger schneiden. Je dichter nun die Satelliten zusammenstehen, um so spitzer werden die Winkel.

Würden nun bei unserem Beispiel im Extremfall die Satelliten wie an einer Schnur aneinandergereiht übereinanderstehen, so wäre kein Winkel zwischen den Signalstrecken mehr vorhanden, und wir könn-

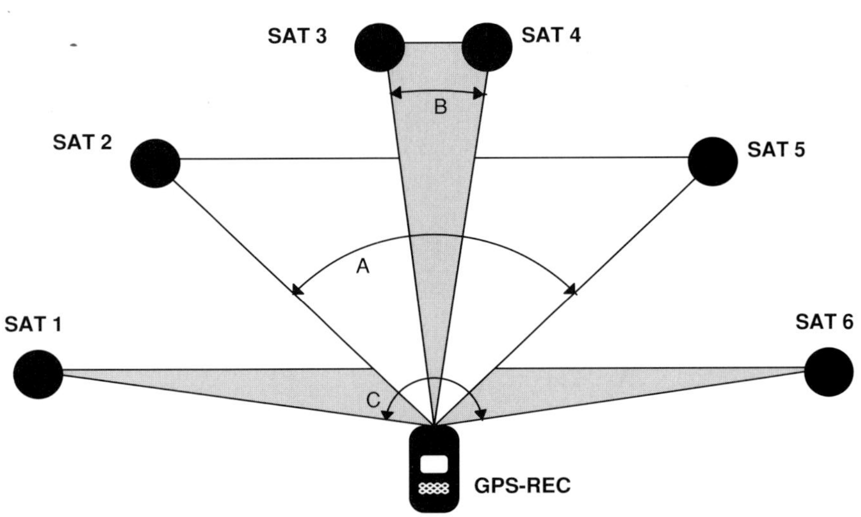

Drei verschiedene zweidimensionale Satellitengeometrien: Ideale Geometrie GPS-REC zu SAT 2/SAT 5 (Winkel A = 90°). Ungünstiger sind zu zu kleine (z.B. Winkel B = 15°) und zu große (z.B. WInkel C = 165°) Winkel.

ten wegen der fehlenden Schnittpunkte keine Positionsbestimmung vornehmen.

Das gleiche gilt, wenn sich die Satelliten zu nahe am Horizont befinden und die Winkel zu stumpf werden. Für die Positionsbestimmung ideal sind rechte Winkel. Diese Konstellation wird erreicht, wenn sich, z.B. in der Ebene, zwei Signalstrekken genau im Winkel von 90° schneiden.

Für den Positionsfehler in der GPS-Praxis ist der PDOP wichtig. Ein PDOP-Wert von 1 entspräche der idealen Satellitengeometrie für die dreidimensionale Positionsbestimmung. Werte unter 3 gelten als gut, Werte über 8 als schlecht. Werte zwischen 3 und 8 sind die Norm und liefern eine befriedigende Positionsbestimmung.

Je nach Empfängertyp werden bei einer schlechten Satellitengeometrie Meldungen ausgegeben, z.B. "Poor Satellite Geometry" beim Trimble Flightmate.

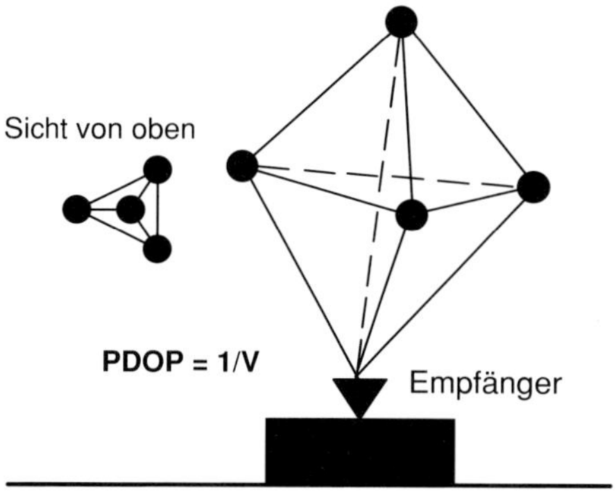

Der für den Positionsfehler entscheidende Faktor PDOP wird durch das reziproke Volumen V, das von den vier zu den Satelliten weisenden Einheitsvektoren eingeschlossen wird, definiert.

GPS-Kontroll-Segment: Kontroll- und Monitor-Stationen

Das Kontroll-Segment besteht aus einer Master Control Station (Haupt-Kontroll-Station) und zur Zeit vier Monitor Stations (Überwachungsstationen). Diese Monitor Stations haben die Aufgabe, die Satellitenbahnen zu überwachen. Sie empfangen von allen Satelliten die dafür erforderlichen Informationen.

Die Monitor Stations senden die Daten an die Master Control Station, wo sie mit den Solldaten verglichen werden. Sind Änderungen erforderlich, sendet die Master Control Station entsprechende Korrekturdaten an die Satelliten. Die Master Control Station befindet sich auf der Falcon Air Force Base in Colorado Springs, USA.

GPS-Nutzer-Segment: Empfänger in der Seefahrt, Luftfahrt und Landnavigation

Das Nutzer-Segment wird durch sämtliche auf der Erde, auf See oder in der Luft befindlichen GPS-Empfänger repräsentiert, welche mit den Satellitensignalen ihre Position bestimmen und danach navigieren. In diesem Handbuch geht es nahezu ausschließlich um das GPS-Nutzer-Segment, um die Vorstellung und Beschreibung von GPS-Empfängern für die Luftfahrt, die Seefahrt und die Landnavigation.

Systemvergleich GPS - GLONASS

Das zweite Satellitennavigationssystem ist GLONASS (GLObal NAvigation Satellite System), das von der früheren Sowjetunion entwickelt wurde. Wie bei den GPS-Satelliten verwendet jeder GLONASS-Satellit L-Band-Trägerfrequenzen L1 und L2.

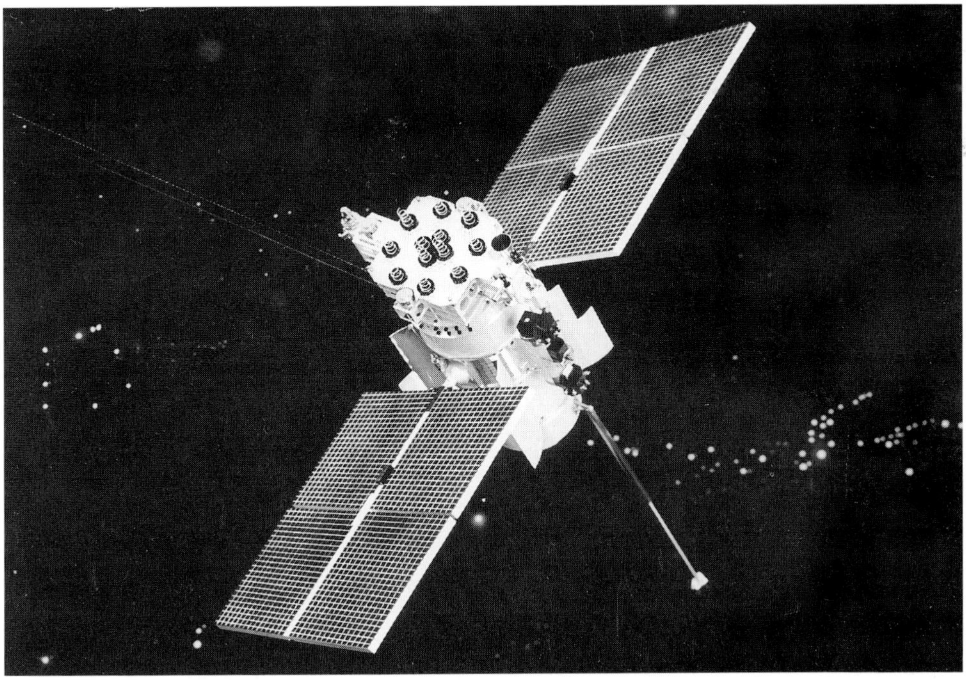

GLONASS Satellit (Aerodata).

Im Gegensatz zu GPS jedoch sind die Frequenzen bei jedem Satelliten unterschiedlich.

Auch GLONASS wird in vollständig ausgebautem Zustand aus 24 Satelliten bestehen, die sich in drei Bahnebenen zu je acht Satelliten in 19.100 km Höhe (Umlaufzeit 11 Stunden 16 Minuten) befinden. Gegenüber der Bahnneigung von 55 Grad beim GPS-System beträgt die GLONASS-Inklination 64,8 Grad. In hohen Breiten bedeutet dies einen deutlichen Vorteil zugunsten des GLONASS-Navigationssystems.

GPS basiert auf dem Koordinatensystem WGS84 (World Geodetic System 1984), GLONASS auf SGS85 (Soviet Geodetic System 1985). Ein wesentlicher Unterschied gegenüber dem GPS-Verfahren besteht bei GLONASS darin, daß die Satellitensignale nicht künstlich verschlechtert werden (GPS: SA, AS). Die russischen Betreiber garantieren, das System für die nächsten 15 Jahre kostenlos zur Verfügung zu stellen. Zum Zeitpunkt des Drucks dieses Buches (Mai 1993) befinden sich 23 GPS- und 15 GLONASS-Satelliten im Orbit.

GLONASS-Empfänger

Gegenüber der Vielzahl der inzwischen weltweit erhältlichen GPS-Empfänger gibt es für GLONASS nur einen Empfängertyp, der in einer bisher produzierten Stückzahl von ca. 1.500 vorwiegend in russischen Transportflugzeugen eingesetzt wird. Dieser Empfängertyp (ASN-16) verfügt über einen Kanal (C/A-Code-Empfänger) und arbeitet sequentiell.

Andere sequentiell arbeitende Empfänger verfolgen die vier für die Positionsbestimmung erforderlichen Satelliten ebenfalls mit nur einem Kanal. Dabei werden die dafür notwendigen Entfernungen nacheinander ermittelt. Je Satellit dauert dies etwa eine Sekunde.

Sequentielle Empfängertypen sind hinsichtlich ihrer Dynamik (Geschwindigkeit und Beschleunigung) stark eingeschränkt und haben außerdem ein höheres Empfängerrauschen als Mehrkanalempfänger, die parallel (je Satellit ein Kanal) arbeiten.

Für den Einsatz des GLONASS-Empfängers bei dynamischen Anwendungen ist eine zusätzliche Stützung durch einen externen Geschwindigkeitssensor nötig. Der Vorteil, daß GLONASS nicht mit SA belegt ist, führt allerdings zu einer zwei- bis dreimal höheren Genauigkeit gegenüber GPS mit SA. Dies zeigt, daß GLONASS eine echte Alternative zu GPS sein kann.

Eine Kombination von GPS mit GLONASS jedoch wäre einem Empfänger für nur ein Satellitensystem überlegen. Eine solche Kombination würde eine Verdopplung der verfügbaren Navigationssatelliten und eine deutliche Verbesserung der Geometrie und damit der erzielbaren Genauigkeit bedeuten.

Mit AERONAV hat das Braunschweiger Unternehmen Aerodata ein spezielles Navigationsverfahren entwickelt. Dabei werden GPS und GLONASS gemeinsam genutzt. Durch die weitere Kombination von DGPS und INS werden Genauigkeiten im Zentimeter-Bereich erzielt.

Die AERONAV-Versionen B (Basic), D (Differential) und P (Precision) unterscheiden sich durch die verschiedenen Präzisionen.

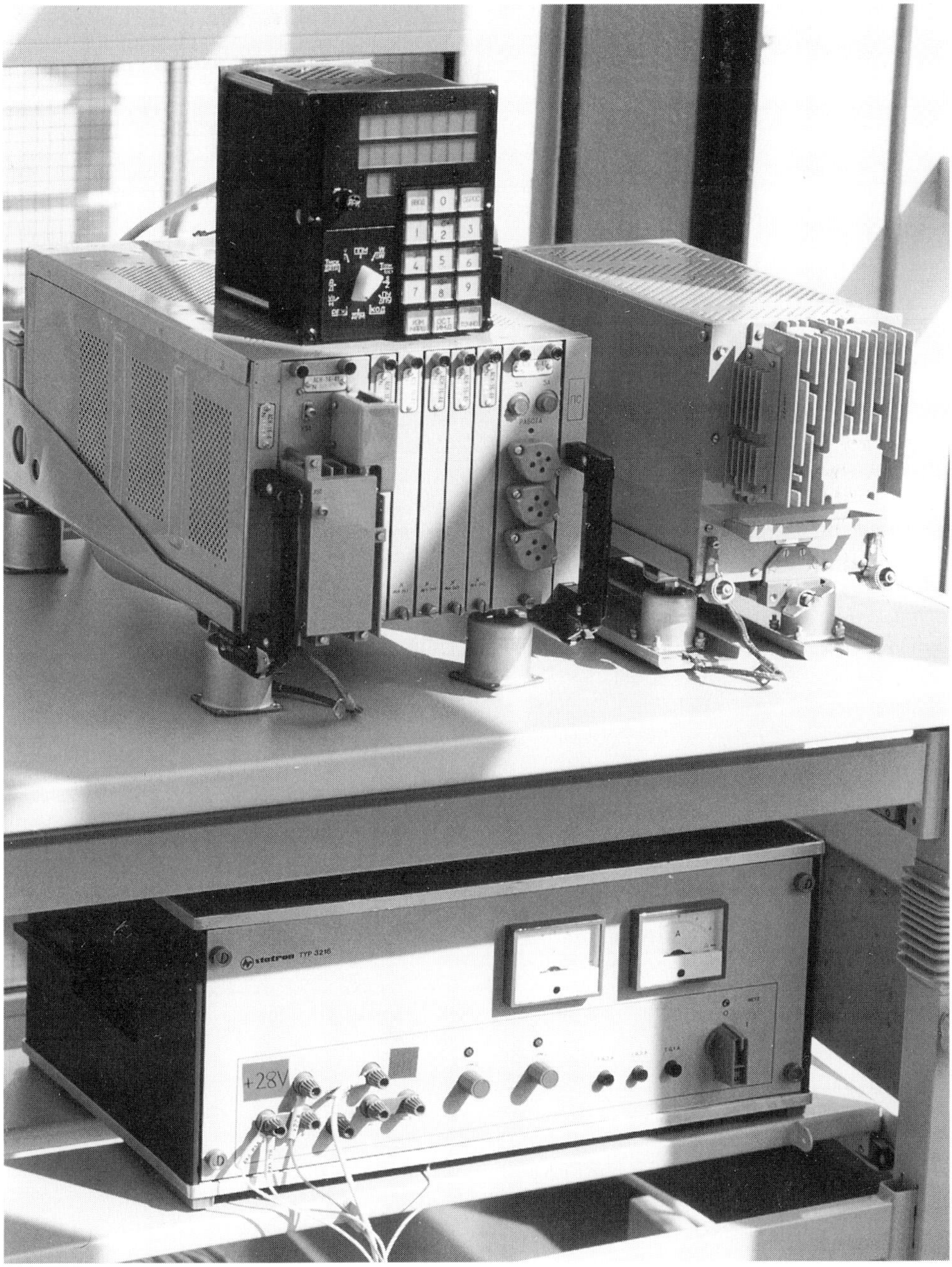

GLONASS ASN-16-Empfänger (Aerodata).

Positionsbestimmung mit GPS

Ortung und Navigation mit GPS beruhen auf der Entfernungsmessung der GPS-Empfänger zu den einzelnen Satelliten und anschließender trigonometrischer Berechnung der horizontalen und vertikalen Empfängerposition. Die Entfernungen werden dabei durch Messungen der Signallaufzeiten von den Satelliten zu den Empfängern bestimmt.

Wie wird die Entfernung zu den Satelliten berechnet?

Bevor wir uns mit der Frage der Entfernungsberechnung befassen, wollen wir kurz untersuchen, welche Signale die GPS-Satelliten abstrahlen und welche Informationen darin enthalten sind.

Trägerfrequenzen und Codes

Jeder GPS-Satellit sendet auf den Frequenzen 1575,42 MHz (L1) und 1227,60 MHz (L2).

Diese Trägerfrequenzen (auch Trägerwellen genannt) werden im Verlaufe dieses Handbuches immer wieder mit den Bezeichnungen L1 und L2 erwähnt. Auf diese Frequenzen werden die Signale "gepackt". Modulation nennt man in der Fachsprache dieses Verfahren. Die modulierten Signale werden Codes genannt. Codes bestehen aus einer Reihe positiver und negativer Impulse. Da die Reihenfolge dieser Impulse frei gewählt werden kann, nennt man diese Codes auch Pseudo Random Noise Codes (PRN-Codes).

Die Trägerfrequenz L1 übermittelt dabei den C/A-Code und den P-Code, L2 nur den P-Code. C/A steht hierbei für Coarse Acquisition und bedeutet soviel wie "Groberfassung" (grobe Akquisition). Dieser vielleicht etwas unverständliche Begriff soll lediglich den Unterschied zum P-Code, der eine "feinere" Akquisition durchführt und damit präzisere Positionsberechnungen ermöglicht, verdeutlichen. Häufig findet man für C/A auch die Bezeichnung "Civil Access", was mit "ziviler Zugriff" übersetzt werden kann. Gemeint ist damit, daß für den zivilen Anwender des GPS nur der C/A-Code nutzbar ist.

Beim P-Code steht das P für Precise (präzise). Dieser P-Code kann von zivilen Anwendern nicht ausgewertet werden. Nur militärische Stellen und besonders autorisierte zivile Anwender haben darauf Zugriff.

Eine weitere technische Möglichkeit des DOD, in politischen Krisen- oder Spannungszeiten auch den zum Teil noch zivil verfügbaren P-Code unbrauchbar zu machen, nennt man "Anti Spoofing" (AS). Hier wird der P-Code durch einen chiffrierten Y-Code ersetzt, um Täuschungsmanöver durch gegnerische Störsender zu unterbinden.

Zwei Betriebsdienste des GPS stehen also den Anwendern zur Verfügung:

- Der Standard Positioning Service (SPS, L1 mit C/A-Code) und der

- Precise Positioning Service (PPS, L1 mit C/A- und P-Code, L2 mit P-Code).

Beim SPS wird mit 95% Wahrscheinlichkeit eine horizontale Positionsgenauigkeit von +/- 100 Meter erreicht. Auf den ungenaueren Betriebsdienst SPS kommen wir nochmals im Abschnitt "Systemfehler" zu sprechen.

Die beiden Trägerwellen L1 und L2 werden zusätzlich zu den beiden Codes (C/A und P) noch mit den Navigationsnachrichten des Satelliten moduliert. Zu diesen Nachrichten gehören:

- Korrekturdaten der Satellitenuhr
- Ephemeris des sendenden Satelliten
- Almanachdaten

In der Ephemeris des sendenden Satelliten sind seine exakten Positions- und Bahndaten enthalten. Mit den Ephemeriden von drei Satelliten kann der GPS-Empfänger seine Position in der Ebene exakt berechnen.

Genaue Entfernungsbestimmung durch Code-Verschiebung

Wie bereits erwähnt, strahlt der GPS-Satellit mit der Trägerwelle L1 den C/A-Code aus. Dieser C/A-Code wird vom GPS-Empfänger genau nachgebildet. Betrachten wir nun im Detail, was mit diesen beiden Codes im Empfänger geschieht.

Der Satellit erzeugt den C/A-Code zu einer bestimmten Zeit mit einer definierten Länge von 1.000 Mikrosekunden (1 Mikrosekunde = 1 Millionstel Sekunde = 300 m) und strahlt ihn aus. In genau dem gleichen Moment erzeugt der GPS-Empfänger diesen Code als Kopie. Da nun der Satelliten-Code erst die Strecke Satellit-Empfänger durchlaufen muß, trifft er zeitverzögert zur Code-Kopie beim Empfänger ein.

Der Empfänger verschiebt nun den Satelliten-Code so lange, bis er mit der selbst erzeugten Code-Kopie korreliert. Korrelation bedeutet in diesem Zusammenhang Deckungsgleichheit. Das Maß, um den der Satelliten-Code verschoben werden mußte, entspricht nun genau der Signallaufzeit zwischen Satellit und Empfänger.

Die so festgestellte Zeitdifferenz kann nunmehr entsprechend der bekannten Ausbreitungsgeschwindigkeit elektromagnetischer Wellen in die Entfernung zwischen Satellit und Empfänger umgerechnet werden.

Berechnet man nun auf diese Art und Weise die Entfernungen zu drei oder vier Satelliten, wird mit einer trigonometrischen Berechnung (Triangulation) exakt die Position des Empfängers ermittelt. Triangulation ist, vereinfacht ausgedrückt, die Positionsbestimmung eines Punktes durch Entfernungsbestimmung zu anderen bekannten Punkten.

Damit der GPS-Empfänger seine genaue dreidimensionale Position (geografische Länge, geografische Breite und Höhe) errechnen kann, benötigt er die Entfernungen zu vier Satelliten.

Genauer als Entfernungsmessungen mit Code-Verschiebung sind z.B. Trägerphasenmessungen, die Positionsbestimmungen bis auf wenige Meter ermöglichen. Dieses Verfahren allerdings setzt einen Empfänger voraus, der die beiden Satelliten-Trägerwellen L1 und L2 empfangen und verarbeiten kann. Solche Empfängertypen werden in diesem Handbuch jedoch nur am Rande erwähnt, weil sie im normalen GPS-Consumer-Bereich, nicht zuletzt wegen des hohen Preises, kaum erhältlich sind.

Man könnte nun unbesorgt den Abschnitt "Entfernungsmessung Satellit-Empfänger" abschließen, wenn die mit der Signallaufzeit-Berechnung ermittelte Entfernung mit der geometrischen Entfernung (der effektiven Entfernung also) identisch wäre. Leider ist sie das nicht. Verschiedene Systemfehler verfälschen nämlich das Satellitensignal.

Dadurch erhält man keine effektive Entfernung, sondern eine Pseudo-Entfernung, die man in der GPS-Fachsprache "Pseudo Range" nennt. Betrachten wir diese Systemfehler nun im einzelnen.

Systemfehler

Fehler in Ephemeriden und Almanach

Sobald eine komplexe Technik von Menschen bedient und gesteuert wird, entsteht die Gefahr, daß z.B. eine Maschine oder ein System durch Fehlsteuerung oder fehlerhafte Eingaben von Daten diese Fehler auch reproduziert. Es gibt zwar bei jedem System interne Prüfroutinen, um Fehleingaben zu verhindern oder mindestens zu minimieren, doch ganz ausschließen kann man solche Fehler niemals.

Bei GPS, dessen Satelliten vom DOD überwacht und mit Daten "gefüttert" werden, können bereits Fehler in den Ephemeriden und im Almanach versteckt sein. Diese Daten werden von der GPS Master Control Station in Colorado Springs regelmäßig an die Satelliten gesendet. Auch Korrektursignale dieser Station können fehlerhaft sein. Da solche Fehler aber nicht erfaßt werden können, müssen sie bei den weiteren Betrachtungen unberücksichtigt bleiben. Nur der Vollständigkeit halber seien diese Fehlermöglichkeiten hier erwähnt.

Uhrenfehler

Die Berechnung der Signallaufzeit vom Satelliten zum GPS-Empfänger, und damit der Entfernung zum Satelliten, setzt eine extreme Genauigkeit voraus. Eine derart genaue Zeitmessung ist heute nur mit Atomuhren realisierbar. Durch die hohe Frequenzstabilität dieser Uhren ist ein maximaler Fehler von 10 Nanosekunden pro 12 Stunden gegeben. Eine Nanosekunde (1 Milliardstel Sekunde) entspricht einer Entfernung von 0,3 Meter. Da der Fehler der Atomuhren folglich bekannt ist, kann er bei der Laufzeit-Berechnung als konstante Größe berücksichtigt werden.

Weit weniger genau arbeiten die in den Empfängern eingebauten Uhren. Es handelt sich dabei zwar um qualitativ hochwertige Quarzuhren mit einer großen Resistenz gegenüber Temperaturschwankungen und Beschleunigungen, doch die Genauigkeit der Satelliten-Borduhren erreichen sie bei weitem nicht. Deswegen werden sie ständig per Satellitensignal korrigiert und auf die gemeinsame GPS-Systemzeit (GPS-Time) gebracht.

Schaltet man einen GPS-Empfänger ein, wird sofort nach der Akquisition des ersten Satelliten die Empfänger-Uhr gestellt. Es erscheint dann bei manchen Empfängern die Meldung "GPS Time Valid" (gültige GPS-Zeit). Trotzdem bleibt ein relativ großer Restfehler, der bei der Entfernungsberechnung kompensiert werden muß.

Schwerwiegend sind auch physikalische Laufzeit-Fehler, die wir im folgenden näher betrachten wollen. Die elektromagnetischen Signale der Navigationssatelliten werden auf ihrem Weg zwischen Satellit und Empfänger in verschiedenen Bereichen der Erdatmosphäre gestört. Für diese Störungen sind besonders die Ionosphäre und die Troposphäre verantwortlich.

Ionosphärenfehler

Durch die ionisierende Wirkung der Sonne bilden sich in der Ionosphäre (Höhe ca. 80 bis 400 Kilometer) in großer Zahl Elektronen und positive Ionen, die in vier leitenden Schichten innerhalb der Ionosphäre (D-, E-, F1- und F2-Schicht) konzentriert sind. Diese Schichten reflektieren (brechen) elektromagnetische Wellen.

Das führt dazu, daß die elektromagnetischen Wellen, die von den Satelliten ausgestrahlt werden, in dieser Schicht zum Teil reflektiert und abgelenkt werden. Die Satellitensignale haben also eine längere Laufzeit.

Es gibt aber Möglichkeiten, diese Fehler zu minimieren. Man weiß z.B., daß sich elektromagnetische Wellen beim Durchlaufen der Ionosphäre umgekehrt proportional ihrer Frequenz zum Quadrat ($1/f^2$) verlangsamen. Das wiederum bedeutet, daß sich elektromagnetische Wellen mit niedrigen Frequenzen stärker als solche mit höheren Frequenzen verlangsamen.

Wenn man nun die z.B. bei einem Empfänger ankommenden hoch- und tieffrequenten Signale hinsichtlich ihrer unterschiedlichen Ankunftszeit untersucht, kann die ionosphärische Laufzeitverlängerung berechnet werden. Diese Korrektur-Möglichkeit gibt es aber nur bei technisch aufwendigeren L1/L2-Empfängern. Solche GPS-Empfänger werden z. B. bei hochpräzisen, professionellen Positionsbestimmungen (DGPS) in allen Verkehrsbereichen verwendet.

Eine andere, weniger genaue Methode kann man aber anwenden, wenn man die typische Geschwindigkeitsabweichung bei tieferen und höheren Frequenzen während der Ionosphärendurchdringung an einem Standardtag zu Standardbedingungen ermittelt und diesen Wert bei allen Entfernungsberechnungen einbezieht.

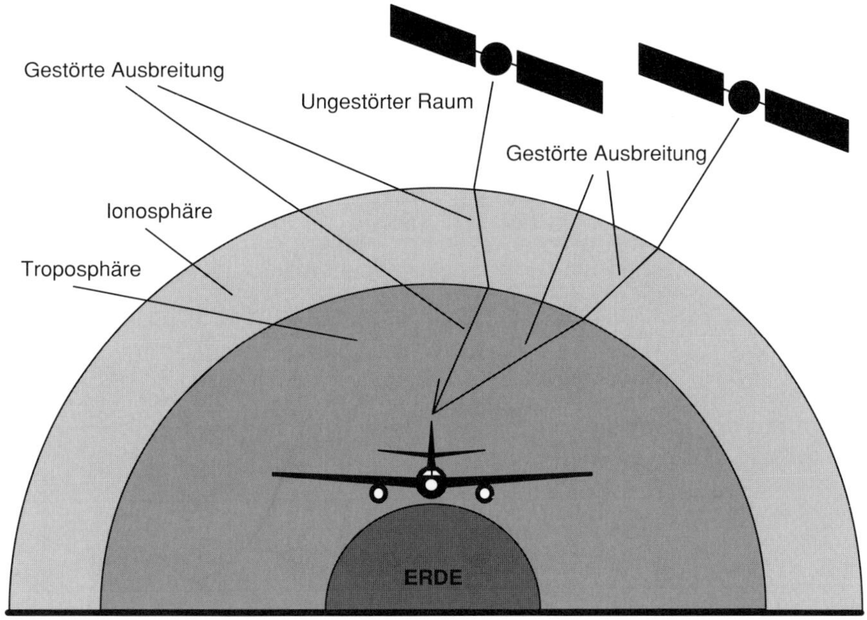

Laufzeitfehler der Satellitensignale durch Brechung in der Atmosphäre.

Wenn auch diese Methode nicht so genau ist, können doch die meisten der durch die Ionosphäre verursachten Fehler grob korrigiert werden.

Troposphärenfehler

Ein anderer Faktor, der durch Brechung die Laufzeit elektromagnetischer Wellen verlängert, sind durch verschiedene Wetterlagen bedingte unterschiedliche Wasserdampfkonzentrationen in der Troposphäre. Der Fehler ist hier aber kleiner als in der Ionosphäre.

Zusammenfassung der atmosphärischen Fehler

Da die Position des GPS-Empfängers mit präzisen Messungen der Signallaufzeiten zwischen Satelliten und Empfänger berechnet wird, kann man sich vorstellen, wie sich Ablenkungsfehler in der Atmosphäre auswirken. Ionosphärenfehler können, wie bereits erwähnt, z.B. durch ein Zwei-Frequenzverfahren (L1/L2) weitgehend eliminiert werden. Die in der Troposphäre auftretenden Fehler allerdings können nur in einem Modell erfaßt und gegebenenfalls als pauschaler Korrekturfaktor in die Berechnungen einbezogen werden.

Topografische und bebauungsbedingte Fehler

In unmittelbarer Bodennähe oder am Boden selbst spielen Mehrwegeausbreitungen und Satellitenabschattungen, bedingt durch die jeweils lokale Topographie des Horizontes, ebenfalls eine große Rolle für die Qualität des Satellitensignals. Bei der Messung der Signallaufzeit können hier bereits Positionsfehler von etwa 20 Meter entstehen.

Mehrwege-Empfang entsteht hauptsächlich durch Reflexionen in der Umgebung der GPS-Antenne. Daraus wiederum resultiert, daß der Position der GPS-Antenne eine besondere Bedeutung zukommt. Neben der Verwendung geeigneter Antennen und durch die Wahl eines optimalen Standortes können diese Mehrwege-Effekte aber minimiert werden.

Dies geschieht vor allem dadurch, daß die Antenne von Wänden gleich welcher Reflexionseigenschaften möglichst weit entfernt plaziert wird. In der Nähe der Antenne befindliche größere Objekte verursachen jedoch nicht nur Reflexionen, sondern auch Abschattungen gegenüber dem Satellitensignal.

Mehr Informationen über Mehrwege-Empfang und Signal-Abschattungen sind in Kapitel 2 zu finden.

Selective Availability - die künstliche Signalverschlechterung

Wenn man alle bisher erwähnten Fehlerquellen addiert, erreicht man eine GPS-Genauigkeit von etwa 30 m. Es gibt allerdings eine weitere, zusätzliche Fehlerquelle, welche die Genauigkeit stärker beeinträchtigt. Diese größte Fehlerquelle ist der GPS-Betreiber, das DOD Department of Defense), selbst.

Das DOD verschlechtert nämlich die Genauigkeit des GPS absichtlich. Man nennt diese Maßnahme "Selective Availability" (SA). Diese Signalverschlechterung wurde eingeführt, um im Kriegs- oder Krisenfall feindlichen Streitkräften den Zugriff auf die volle GPS-Präzision zu verwehren. Bei SA werden die Frequenzen der Satelliten-Borduhren und die Satelliten-Bahndaten nach dem Zufallsprinzip (stochastisch) verfälscht. Man hat als ziviler GPS-Nutzer also nicht nur den gegenüber PPS schlechteren SPS, bei dem nur der C/A-Code ausgewertet werden kann, sondern zusätzlich auch noch SA zu verkraften.

Wie sich die Summe aller Fehler bei der Genauigkeit auswirkt, steht im folgenden Abschnitt.

Pseudo Range

Kommen wir zurück auf die Berechnung der Entfernung Satellit-Empfänger. Die per Code-Korrelation gemessene Entfernung entspricht nicht der geometrischen Entfernung, da das Satellitensignal bei der Ankunft im Empfänger Laufzeitfehler enthält.

Hinzu kommen die künstlich verschlechterten Werte (SA) aus den Navigationsnachrichten (Ephemeriden und Zeit). Wir können folglich keine wirkliche, geometrische Entfernung zu den Satelliten messen, sondern nur die Pseudo-Entfernung, die Pseudo Range.

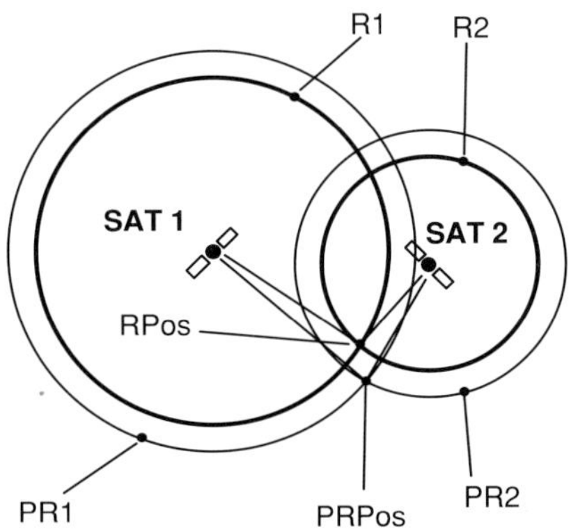

Pseudo Range, zweidimensional.
R1, R2 = Reale Ranges zu SAT 1 + 2
RPos = Reale Position zu SAT 1 + 2
PR1, PR2 = Pseudo Ranges zu SAT 1 + 2
PRPos = Pseudo Range Position

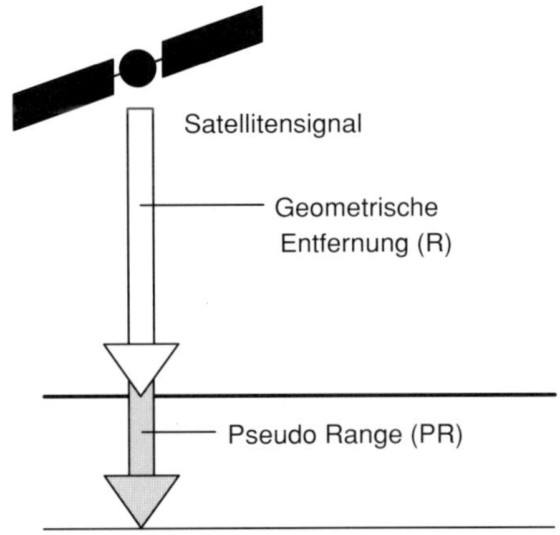

Die Pseudo Range enthält die Fehler durch SA, Ionosphären- und Troposphären-Fehler sowie Fehler der GPS-Empfänger-internen Uhr: Pseudo Range = R + Fehler.

Die in den GPS-Empfängern berechnete Pseudo Range läßt sich durch folgende Formel ausdrücken:

Pseudo Range =
Geometrische Entfernung +
Systemfehler einschließlich SA

Durch Empfänger-interne Maßnahmen (präzise Empfänger-Architektur mit hochwertigen Bauteilen, Korrektur-Software usw.) können die Pseudo Ranges den geometrischen Entfernungen optimal genähert werden.

Die Fehler durch Selective Availability (SA) können mit den in diesem Handbuch vorwiegend besprochenen L1 C/A-Code-Empfängern jedoch nicht ausgeglichen werden. Die Genauigkeit der Positionsbestimmung ist unter Einbeziehung aller Fehler auf horizontal +/- 100 Meter beschränkt. Die vertikale Genauigkeit liegt bei +/- 300 Meter.

GPS-Optimierung mit Differential GPS (DGPS)

Eine Möglichkeit, die z.B. für Präzisionsanflüge erforderliche Genauigkeit zu erreichen, ist die Verwendung von Differential GPS (DGPS).

Bei DGPS handelt es sich um ein Verfahren, das durch die Systemfehler und SA auf +/-100 m Genauigkeit limitierte Satellitensignal zu korrigieren. Dabei werden von einer DGPS-Bodenstation (GPS-Referenzempfänger), die an einem exakt vermessenen Punkt steht, die Systemfehler (Uhrenfehler der Satelliten, ungenaue Ephemeriden, ionosphärische und troposphärische Laufzeitfehler usw.) jedes Satellitensignals gemessen, korrigiert und als Korrektursignal zur Verwertung an mobile DGPS-Stationen (Schiffe, Flugzeuge, Fahrzeuge, andere mobile Objekte) gesendet.

Die Fehlerkorrektur erfolgt bei der Bodenstation durch Vergleich ihrer exakten, bekannten Position mit der Position, die mittels der Satellitensignale errechnet wurde. Die Empfänger-interne Verarbeitung der Satellitensignale und der Korrekturdaten bei den Mobilstationen ermöglichen eine Genauigkeit bis in den Zentimeterbereich.

Das gleiche Verfahren ist bei der Seefahrt anwendbar, bei der an der Küste DGPS-Bodenstationen die Korrektursignale aussenden. Besonders bei geodätischen Ver-

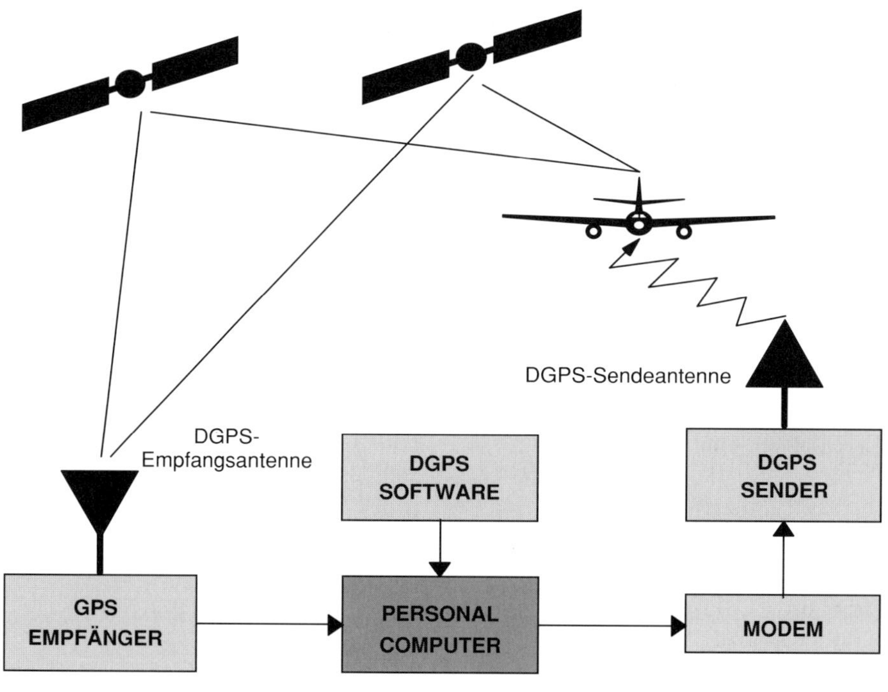

Aufbau einer DGPS-Feststation (SEL).

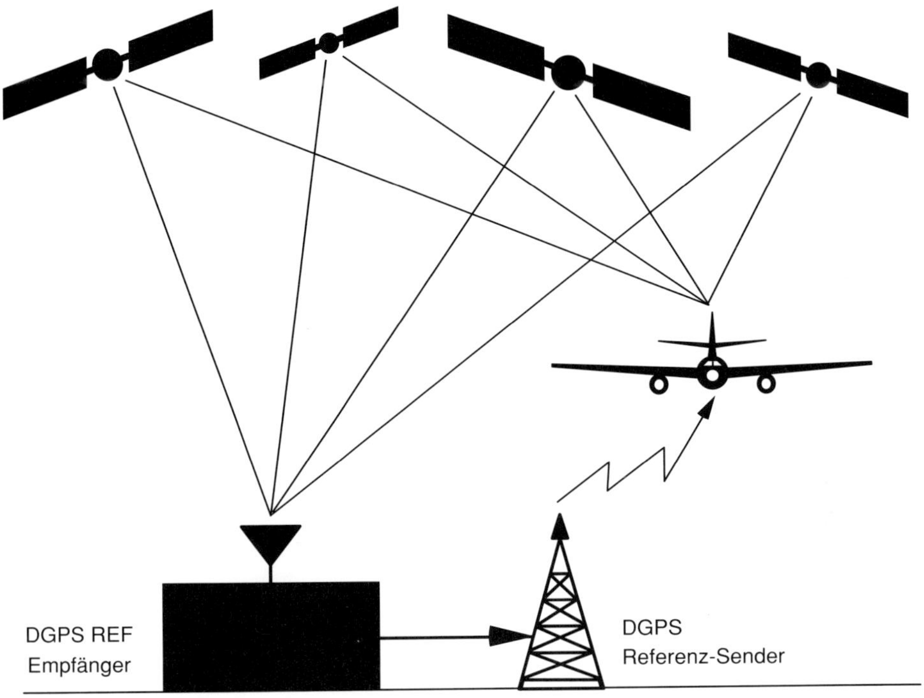

DGPS bei der Luftfahrt: Differential GPS Bodenstation.

messungen ist aus Präzisionsgründen DGPS erforderlich. Das Prinzip entspricht auch hier weitgehend den Verfahren in der Luftfahrt und in der Seefahrt.

GPS-Zuverlässigkeit in der Luftfahrt

Mit der Genauigkeit von GPS steht ein zusätzliches Hilfsmittel für die Streckennavigation zur Verfügung. Noch ist GPS allerdings nicht für IFR-Navigation zugelassen. Sobald jedoch das System voll funktionsfähig ist (24 Satelliten befinden sich dann im Orbit) dürfte in absehbarer Zeit der Einsatz von GPS bei IFR-Streckenflügen und IFR-Anflügen (DGPS kombiniert mit INS) möglich sein. In den USA hat die FAA (Federal Aviation Administration) bereits entsprechende Anforderungen an GPS für IFR-Betrieb formuliert.

Das Hauptproblem besteht dabei darin, daß die GPS-Empfänger die Forderungen nach Integrität (Integrity) noch nicht erfüllen. Integrität bedeutet, daß Piloten rechtzeitig gewarnt werden, wenn einer oder mehrere Satelliten während des Fluges nicht mehr für Navigationsaufgaben zur Verfügung stehen. Ein Ansatz, den Betrieb mit GPS-Empfängern sicherer zu machen, besteht einmal in der Erhöhung der Integrität eines GPS-Empfängers, zum anderen in der Überwachung dieser Integrität (Integrity Monitoring).

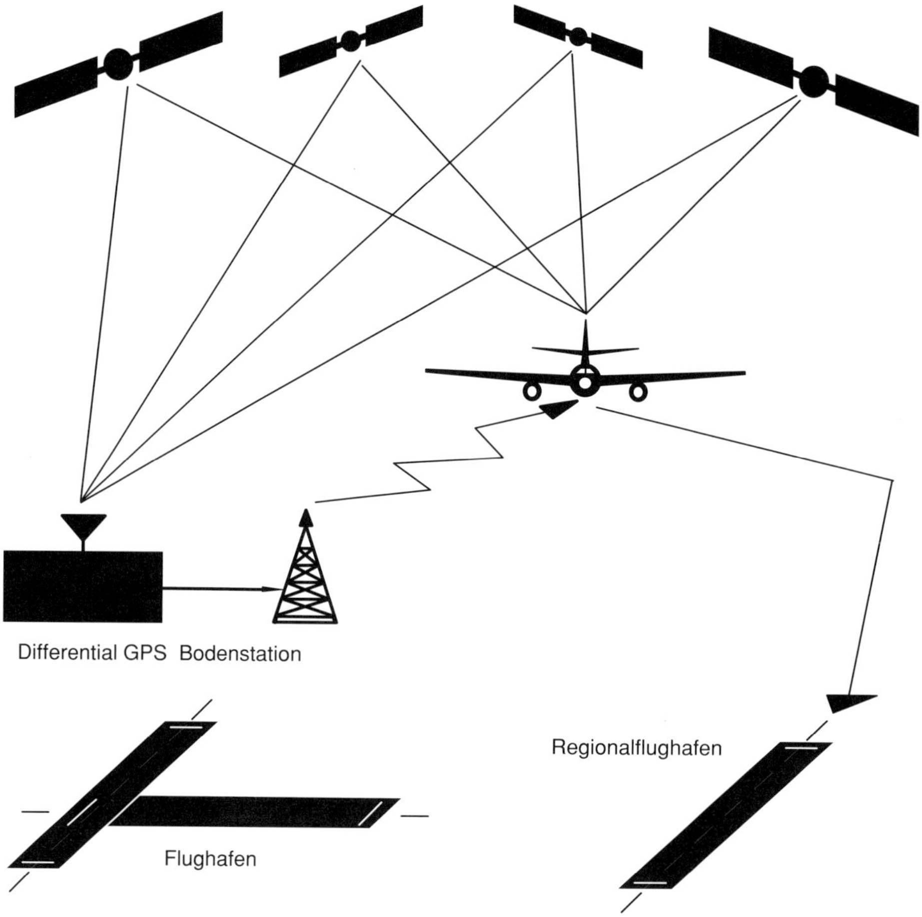

DGPS-Präzisionsanflug. Die DGPS-Anlage befindet sich an einem Flughafen, der Anflug selbst erfolgt auf einem benachbarten Regionalflughafen.

Integrity

Unter Integrity ist die Fähigkeit eines Systems zu verstehen, zeitgerechte Warnungen an den Benutzer auszugeben, sobald es nicht mehr zur Navigation verwendet werden sollte. Nach einer anderen Definition muß innerhalb einer bestimmten Zeitspanne Alarm ausgelöst werden (Time To Alert), wenn der Positionsfehler einen festgelegten Grenzwert überschreitet. Die Integrity ist das Schlüsselproblem bei der Zulassung von GPS als Navigationshilfe in der Zivilluftfahrt.

Integrity Monitoring

Integrity Monitoring ist eine zweistufige Methode (Detektion und Isolation) zur Eliminierung eines Satelliten, der fehlerhafte Daten liefert, aus der Navigationslösung.

Nach der Ermittlung des Positionsfehlers aus redundanten Messungen wird dieser mit einem Schwellwert verglichen. Bei Abweichung wird der die fehlerhaften Signale liefernde Satellit identifiziert und isoliert.

Receiver Autonomous Integrity Monitoring (RAIM)

Integrity und Integrity Monitoring können unter dem Begriff RAIM (Receiver Autonomous Integrity Monitoring) zusammengefaßt werden. RAIM wird vorwiegend durch entsprechende Software im GPS-Empfänger erreicht. Um RAIM aktivieren zu können, muß der GPS-Empfänger die Signale von fünf Satelliten auswerten können. Der fünfte Satellit dient hierbei zur Überprüfung der vier für die Positionsbestimmung verwendeten Satelliten.

Sobald ein Fehler entdeckt wird, muß eine Warnflagge am Anzeigeteil des Empfängers erscheinen und parallel eine Warnlampe aufleuchten. Kann nun ein sechster Satellit akquiriert werden, wird der ausgefallene Satellit identifiziert und isoliert. Mit den dann wieder fünf vorhandenen Satelliten können die Navigations- und RAIM-Funktionen wieder initialisiert werden.

RAIM setzt zur Aufdeckung eines fehlerhaften Satelliten also mindestens fünf Satelliten in ständiger Sicht mit möglichst optimaler Bedeckungsgeometrie (s.a. Dilu-

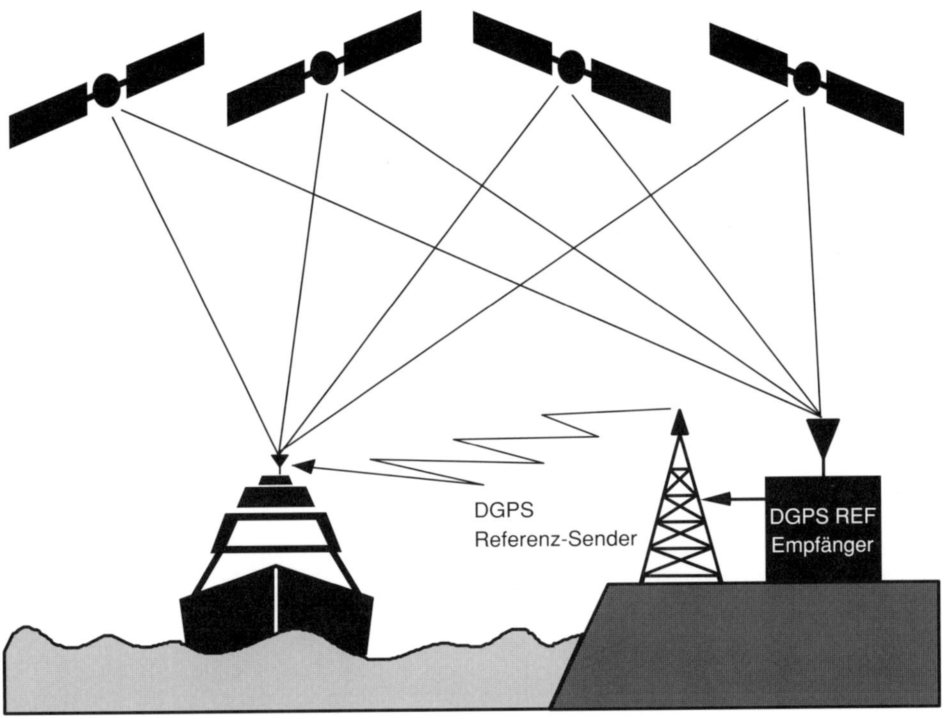

DGPS bei der Seefahrt.

tion Of Precision, DOP) voraus. Der sechste ist zur Isolation des fehlerhaften Satelliten erforderlich.

Dies ist zur Zeit allerdings mit weniger als 24 Satelliten im Orbit ganztägig nicht möglich. Einige weitere Problemlösungen hierzu stehen aber zur Diskussion.

GPS und LORAN

In den USA nutzt man beispielsweise GPS- und LORAN-Signale gemeinsam (Multi Sensor System). Dabei kann jedes System das andere kontrollieren und verläßliche und genaue Navigationsdaten liefern. Das Problem dieses Lösungsansatzes aber besteht darin, daß LORAN außerhalb Nordamerikas nur beschränkt verfügbar ist und somit eine weltweite Einsatzmöglichkeit nicht gegeben ist.

Kombinationsempfänger GPS / GLONASS

Eine weitere Lösung, die von einigen Luftverkehrsgesellschaften in Betracht gezogen wird, wäre ein Empfänger, der sowohl GPS als auch GLONASS-Signale empfangen und verarbeiten kann.

Kontroll-Satelliten

In einer dritten Lösung könnten einige geostationäre Monitor-Satelliten fehlerhaft arbeitende Satelliten entdecken und entsprechende Warnungen an die GPS-Anwender senden. Möglich wäre auch, gesonderte GPS-Satelliten in den Orbit zu bringen oder mit Bodenstationen GPS-Satelliten zu emulieren (nachzuahmen). Dadurch könnte man die für RAIM erforderliche Satellitenzahl erhöhen.

GNSS-Overlay-Project

Sobald Empfänger mit RAIM-Sofware zugelassen sind, plant die FAA ein umfassendes "GNSS-Overlay-Projekt" (GNSS, Global Navigation Satellite Systems). Die Anfangsphase dieses Projektes sieht vor, GNSS-Informationen etwa 4.500 FAA-zugelassenen Non-Precision/Non-Localizer-Approaches zu überlagern (Overlay). Das kurzfristige Ziel besteht darin, Piloten normale Approaches unter Nutzung ihrer GPS-Anlage zu ermöglichen, wobei als Backup-System konventionelle Bodenstationen verwendet werden. Fernziel ist, normale Approaches ohne Hilfe von Bodenstationen zu fliegen. Endziel wäre, GPS als einziges Navigationsverfahren zu etablieren und GPS-Precision-Instrument-Approaches auf nahezu jedem Flughafen einzuführen.

Zusammenfassung

Obwohl GPS noch Schwächen hat, überwiegen gegenüber den konventionellen Navigationsverfahren doch die Vorteile. Die Möglichkeit, mit geringem Aufwand navigatorisch exakt von Punkt zu Punkt fliegen zu können, und die weltweite Verfügbarkeit machen GPS nicht nur für Fluggesellschaften, sondern für die gesamte Allgemeine Luftfahrt zu dem Navigationssystem der Zukunft. GPS würde dann z.B. auch eine transatlantische Navigation ohne INS- und OMEGA-VLF-Verfahren ermöglichen. Bei aller Begeisterung und allem Optimismus sowohl bei den Teilnehmern an der Allgemeinen Luftfahrt als auch bei den GPS-Empfänger-Herstellern in den letzten beiden Jahren, ist GPS zur Zeit für den Einsatz bei IFR-Flügen nur bedingt geeignet und noch nicht weit genug entwickelt.

In der Schiffahrt ist man wegen geringerer Anforderungen an die Systempräzision (z.B. genügen bei der nautischen Navigation zwei Dimensionen statt drei in der Luftfahrt) schon einen Schritt weiter, auch wenn, wie in der Luftfahrt, das Sicherheitsdenken großgeschrieben und z.B. metergenaues Navigieren bei Hafeneinfahrten usw. gefordert wird.

Am problemlosesten ist GPS in der Landnavigation anzuwenden, da hier keine extremen, lebenswichtigen Genauigkeitsanforderungen gestellt werden müssen.

GPS Informations- und Beobachtungssystem (GIBS)

Welche Bedeutung in Deutschland GPS beigemessen wird, ist z.B. auch an dem vom Institut für Angewandte Geodäsie in Frankfurt eingerichteten nationalen Informations- und Beobachtungsdienst für GPS (GPS Informations- und Beobachtungssystem, GIBS) erkennbar.

Über ein Computer-System (Computer Bulletin Board System, BBS) werden interessierten GPS-Nutzern wichtige Daten für den Betrieb von GPS-Empfängern übermittelt. Diese Daten bestehen im wesentlichen aus detaillierten Hintergrundinformationen zur Positions-, Geschwindigkeits- und Zeitbestimmung mit GPS.

Zum Abschluß dieses Kapitels wollen wir die wichtigsten Informationen über GIBS veröffentlichen.

Verfügbare GIBS-Informationen

Daten- und Programmangebot

- Aktuelle Satellitenkonstellation
- Systemzustand und Systementwicklung
- Präzise Ephemeriden
- Almanach-Daten
- Sichtbarkeitsberechnungen
- Geoidhöhen, Transformationen
- GPS-Veranstaltungskalender
- Nachrichten von Nutzern für Nutzer

Aktualisierung

- Nutzerhinweise: Täglich, morgens
- Systemstatus: Täglich, morgens
- Almanach: Wöchentlich, montags
- Ephemeriden: Wöchentlich, freitags
- Telefonansage: Täglich, morgens

Bezugsmöglichkeiten

- PC und Modem (BBS)
- DATEX-P (BBS)
- Internet (BBS)
- Telefonansage

Anschrift

GIBS - Institut für Angewandte Geodäsie
Richard-Strauß-Allee 11
6000 Frankfurt am Main.

Kapitel 2

Alles über GPS-Empfänger

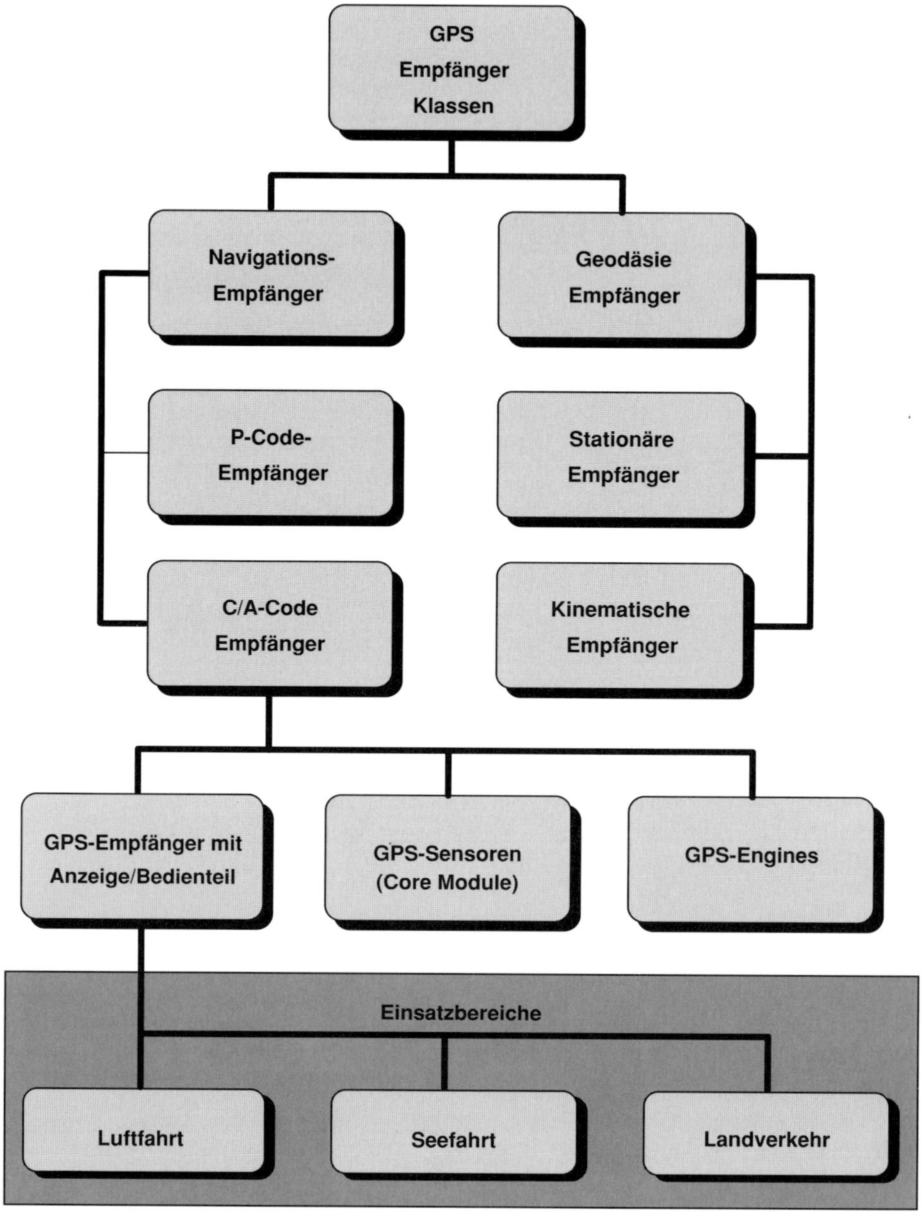

GPS-Empfänger-Klassen.

Der GPS-Markt in Deutschland

Bei GPS-Empfängern muß man zunächst zwischen professionellen Geräten für exakte Positionsmessungen und Geräten für nicht-professionelle Anwendungen und die Freizeit (private Luftfahrt, Sportschiffahrt, Automobilsport usw.) unterscheiden.

Im Freizeitbereich können weitere Unterschiede gemacht werden. Empfänger, die in die Panels von ein- und zweimotorigen Reiseflugzeugen eingebaut werden, erfordern einen größeren technischen Aufwand als z.B. Hand-Held-Empfänger, die speziell für die Seefahrt und die Landnavigation ausgelegt sind.

Der Freizeitskipper beispielsweise, der auf Flüssen, Binnenseen oder in Küstennähe gelegentlich seine Position, seine Distanz und den Kurs zum nächsten Hafen bestimmen will, kommt schon mit einem Hand-Held-Empfänger einfacherer Bauart gut zurecht.

Während solche Empfänger zur Zeit (Mai 1993) zwischen 1.500 und 2.000 DM kosten, muß man mit 3.000 bis 10.000 DM für technisch aufwendiger ausgestatte Empfänger rechnen. Den technischen Mehraufwand kann man grob mit den folgenden Punkten beschreiben:

- Mehrkanal-Empfänger mit großem Dynamikbereich.

- Kurze Akquisitions- und Aktualisierungszeiten.

- Optimierte Signalaufbereitung und -digitalisierung.

- Schnelle Mikroprozessoren, u.U. Spezial-Software für komplexe Datenberechnungen.

- Alphanumerische und grafische Datenausgabe auf größeren Bildschirmen.

- Mehrere Schnittstellen zum Anschluß von Peripherie (Plotter, Navigationselektronik usw.) oder weiteren Navigationssensoren (VOR, DME, OMEGA, LORAN).

- Vorbereiteter Anschluß oder Platz für einen separaten Korrektursignal-Empfänger (DGPS) einschließlich der empfängerinternen Vorbereitung für DGPS.

- Entweder integrierte, nicht aktualisierbare Database oder Steckplatz für Database-Cartridges, die im Luftfahrtbereich alle 28 Tage aktualisiert werden und umfassende Informationen über internationale Flugplätze, Funkfeuer usw. enthalten.

- Mehr als 100 vom Anwender definierbare Waypoints.

So produziert z.B. der kanadische Hersteller Novatel GPS-Sensoren, die wie eine Steckkarte in einem PC integriert werden. Nach außen besteht dann nur noch die Verbindung zur GPS-Antenne und zu einem Peripheriegerät. Solche GPS-Sensoren haben einen 8- bis 10-Kanal-Aufbau und eine komplexe Signalverarbeitungs- und Prozessor-Architektur.

Mit der zu solchen Sensoren gelieferten Software lassen sich natürlich wesentlich mehr Berechnungen und Bildschirmdarstellungen als mit portablen oder Hand-Held-Geräten durchführen, die nur über ein 2- bis 4-zeiliges LCD-Display und integrierte Minimalsoftware verfügen.

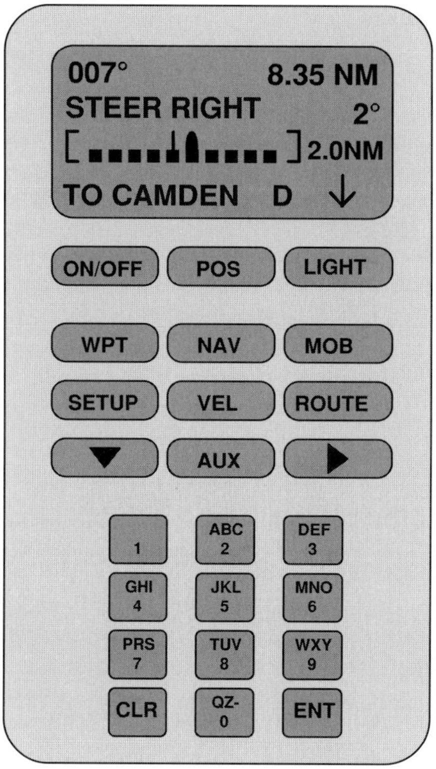

Typische LCD-Anzeige und Tastatur-Layout bei einem MAGELLAN GPS-Seefahrt-Empfänger NAV 5000 D.

In diesem Handbuch sollen vorwiegend GPS-Empfänger für den Freizeitbereich behandelt werden. Aber auch professionelle Geräte werden hin und wieder bei den verschiedenen Einsatzzwecken mit ihren technischen Besonderheiten erläutert - nicht zuletzt, um aufzuzeigen, welche hochpräzisen Positionsbestimmungen bis in den Zentimeterbereich bereits heute vorgenommen werden können. Ein Ende dieser Entwicklungen ist noch nicht abzusehen.

"Not macht erfinderisch", sagt man. Alle weltweiten, zivilen Entwicklungen zur Optimierung der Ortsbestimmung und Navigation mit GPS sind nämlich letztlich darauf zurückzuführen, daß der Betreiber des GPS, das amerikanische Verteidigungsministerium, die Satellitensignale künstlich verschlechtert (SA). Dadurch war man gezwungen, sich technische Lösungen einfallen zu lassen.

Inzwischen sind auf privatwirtschaftlicher Basis entwickelte hochwertige GPS-Empfänger und Signal-Korrekturverfahren (z.B. von Aerodata) schon soweit fortgeschritten, daß SA nur noch bei einfachen Empfängern eine Rolle spielt. Rein rechnerisch könnte man, würde SA abgeschaltet werden, mit den optimierten Empfängern und Verfahren millimetergenaue Ortsbestimmungen durchführen. Vielleicht wird dies aber auch bald einschließlich SA erreicht.

Der GPS-Empfänger

Grundwissen über GPS-Empfänger

Ein GPS-Empfänger (L1 C/A-Code-Empfänger, 1 Kanal, für allgemeine und private Anwendungen) ist zunächst einmal nichts anderes als ein Radio, mit dem man eine Frequenz (L1) empfangen kann. Die Signalaufbereitung und -digitalisierung allerdings bedarf schon einer etwas aufwendigeren Technik. Die Datenverarbeitungsprozessoren (häufig mit 32-Bit-Architektur) aber sind in der Regel "von der Stange", genau wie LCD-Bildschirme und Tastaturen (Soft Keys, Folientastaturen usw.).

An die Quarzuhren werden etwas höhere Anforderungen gestellt, was ihre Ganggenauigkeit und Stabilität gegenüber Beschleunigungen betrifft. Doch auch hier findet der Fachmann nichts extrem Aufwendiges. Wie bei einer Funkuhr wird die

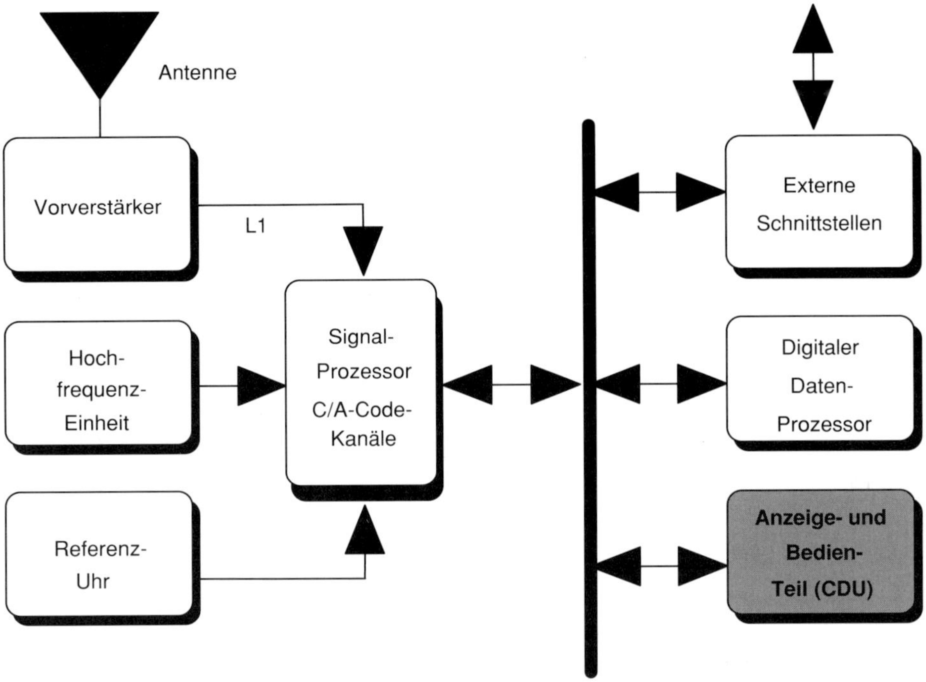

Aufbau eines GPS C/A-Code-Empfängers.

Empfänger-interne Zeit mit der GPS-Systemzeit der Satelliten-Atomuhren ständig abgeglichen, um eine exakte Zeitreferenz zu haben (GPS-Time).

Die im Datenprozessor des GPS-Empfängers ablaufende Software allerdings sollte logisch und anwenderfreundlich aufgebaut sein. Da aber die Schnittstellen eines GPS-Empfängers zum Anwender (wie bei einem PC) Bildschirm und Tastatur sind, kann man sich angesichts der bei manchen GPS-Empfängern vorhandenen winzigen LCD-"Bildschirme" vorstellen, wie verzweigt die Software aufgebaut werden muß, um die navigatorischen und informatorischen Daten portionsweise "an den Mann" (und die Frau) zu bringen.

Das wird in der Regel dadurch bewerkstelligt, daß man wie in einem Buch einzelne Hauptkapitel (Menüs) einrichtet, in denen man nach der jeweiligen Menü-Wahl (meistens per Funktionstaste) mit Cursortasten von Seite zu Seite springen kann, um die gewünschten Daten auf den Bildschirm zu holen oder einzugeben.

Je weniger Zeilen nun ein Bildschirm darstellen kann, um so öfter muß also mit Cursortasten gearbeitet werden, um von Seite zu Seite zu wechseln. Diese "Seiten" werden übrigens von manchen GPS-Empfänger-Herstellern in der GPS-Fachsprache mit "Pages", von anderen wiederum mit "Screens" bezeichnet.

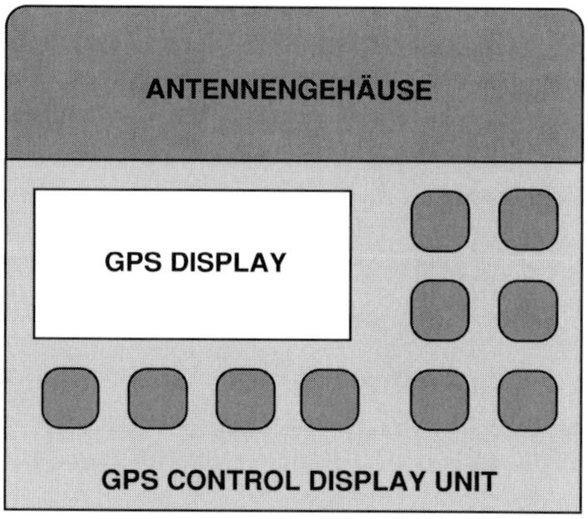

GPS RECEIVER - Komplettgerät mit integrierter Antenne.

GPS-Empfänger-Bauarten

Bei den GPS-Empfängern gibt es je nach Einsatzzweck verschiedene Bauarten, die sich im wesentlichen durch die Plazierung der GPS-Empfangseinheit unterscheiden.

GPS-Receiver

Die gebräuchlichste Bauart ist der GPS-Receiver, bei dem sich alle Bauteile (Antenne, Empfangsteil, Signalverarbeitungskanal bzw. -kanäle, Mikroprozessor, Anzeige/Bedienteil) in einem Gehäuse befinden. Zusätzlich gibt es bei diesen Geräten aber noch die Möglichkeit, eine externe Antenne anschließen zu können.

Anzeige/Bedienteil heißt auf englisch Control Display Unit und wird mit CDU abgekürzt. Welche Bauteile zu einem GPS-Empfänger gehören und wie sie miteinander in Beziehung stehen, kann man auf der vorangegangen Seite im Blockdiagramm "Aufbau eines GPS-C/A-Code-Empfängers" sehen.

GPS-Receiver gibt es in allen Größen, vom kleinen, portablen Hand-Held-Empfänger mit geringem Gewicht bis zu schweren Geräten, die vorwiegend stationär betrieben werden. Zu den Geräten mit hohem Gewicht gehören z.B. geodätische Empfänger.

GPS-Sensor (GPS-Core-Module)

Sobald das Empfangsteil von der Anzeige/Bedieneinheit getrennt ist, spricht man von einem GPS-Sensor, häufig auch GPS-Core-Module genannt. Dabei kann es sich um einen Sensor handeln, der sogar in einer Antenne eingebaut ist. In der Regel allerdings sind GPS-Sensoren eigenständige Bauteile, an welche die Antennen angeschlossen werden.

GPS-Sensoren werden immer mit einem separaten Anzeige/Bedienteil (CDU) an-

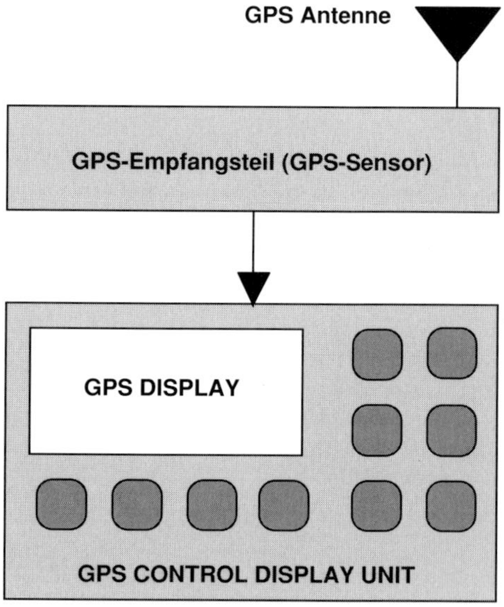

GPS-SENSOR (Core Module) - Empfangsteil und Control Display Unit sind getrennt.

gesteuert. Auch die Spannungsversorgung des Sensors übernimmt die CDU. Wird aber ein GPS-Sensor als Steckkarte in einem PC verwendet, so ist der PC die spannungsliefernde Einheit.

GPS-Engine

Die Grenze zwischen GPS-Sensor und GPS-Engine ist verschwommen. Im Grunde ist eine GPS-Engine (GPS-"Maschine") ein Produkt eines bestimmten GPS-Empfänger-Herstellers, das als Bauteil, z.B. in einem Navigationssystem eines Avionic-Herstellers, Verwendung findet. Oft wird eine GPS-Engine auch als "OEM-Produkt" bezeichnet (OEM, Original Equipment Manufacturer).

Multi-Sensor-Systeme (MSS)

In den USA sind MSS, bestehend aus GPS- und LORAN-Empfängern sehr beliebt. Für uns in Deutschland würde diese Kombination aber wenig Sinn machen: Bei uns gibt es im Luftfahrtbereich kein LORAN C. Lediglich die Schiffahrt nutzt die

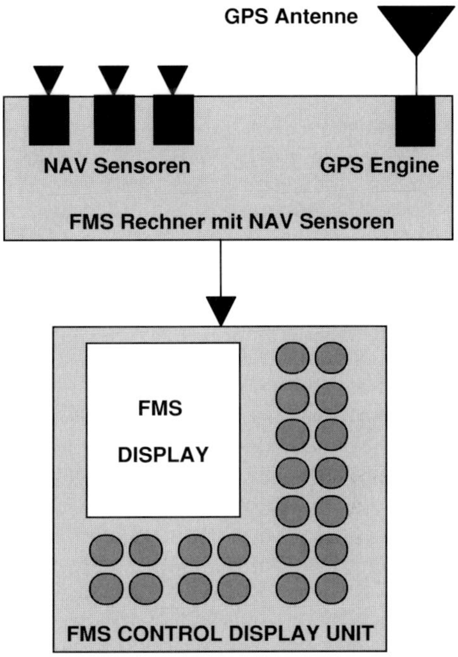

GPS ENGINE - Empfangsteil, z.B. Steckkarte, integriert in einem Flight Management System (FMS).

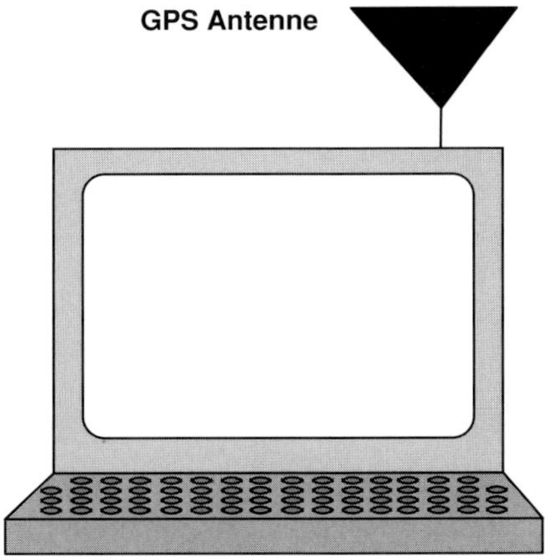

PC mit integriertem GPS-Modul und externer GPS-Antenne.

an den mitteleuropäischen Meeresküsten und am Mittelmeer stationierten LORAN-Stationen noch für Navigationszwecke.

Ein Multi-Sensor-System in unseren Breiten könnte aber aus den Kombinationen GPS/INS, GPS/OMEGA, GPS/VOR usw. bestehen. Bei professionellen Geräten für präzise Positionsbestimmungen (z.B. AeroNav von Aerodata, Braunschweig) werden GPS, GLONASS und INS kombiniert.

Diese Verfahren ermöglichen zwar Genauigkeiten in Zentimeter-Bereich, aber der technische und der finanzielle Aufwand sind hoch und für den privaten oder semiprofessionellen Einsatz nicht rentabel.

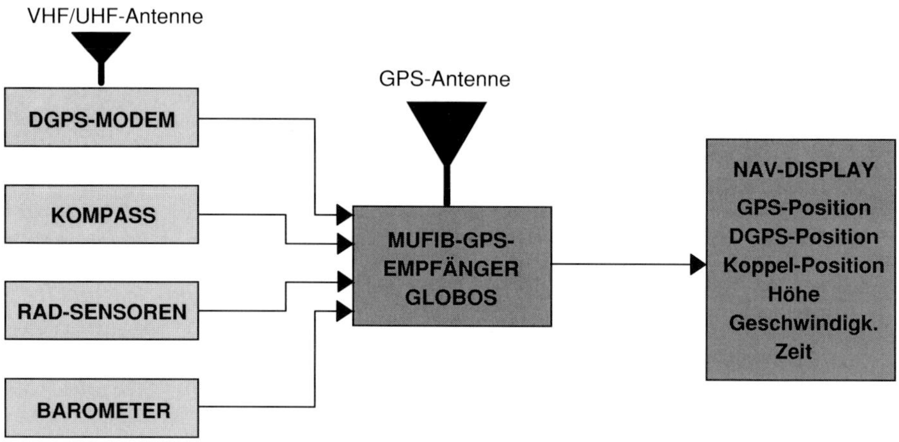

Multifunctional Interface Board I (MUFIB) für DGPS und/oder Koppelnavigation in Fahrzeugen. Über die VHF/UHF-Antenne werden die Korrekturdaten der DGPS- Bodenstation empfangen, über die GPS-Antenne gehen die Satellitensignale an das Core Modul GLOBOS. Die Darstellung erfolgt auf einer Control Display Unit (NAV-Display).

Trimble GPS Pathfinder Basic Series. Zwei Modelle stehen zur Verfügung: Pathfinder Basic mit 3-Kanal-Technik und Pathfinder Basic Plus mit 6 Kanälen.

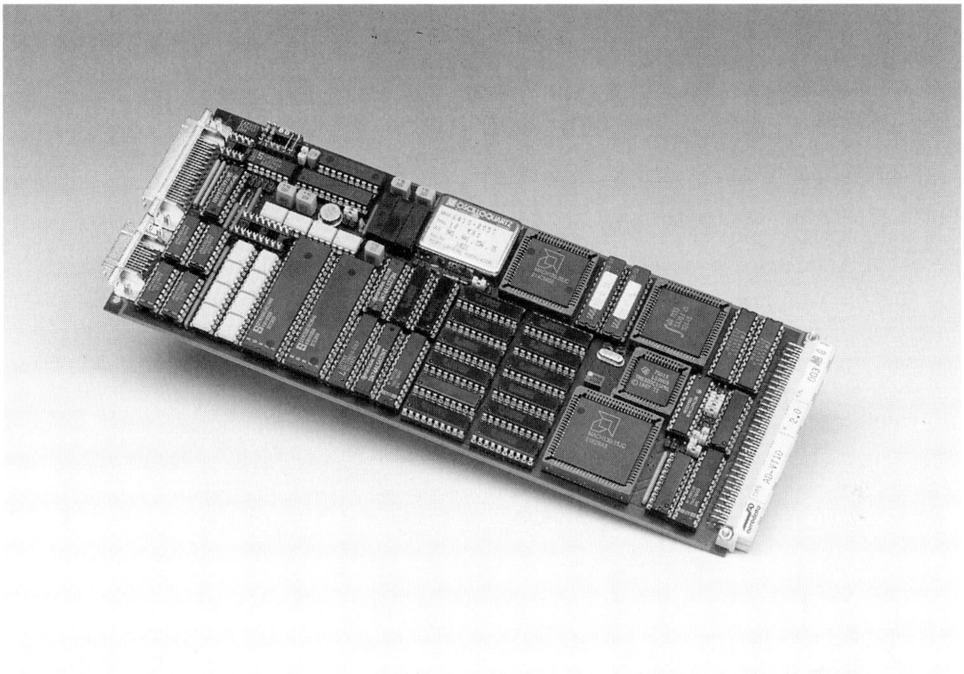

Empfänger-Bauteil: VME-Bus AD-VTIO mit Zeit-Management und I/O-Hardware von Aerodata.

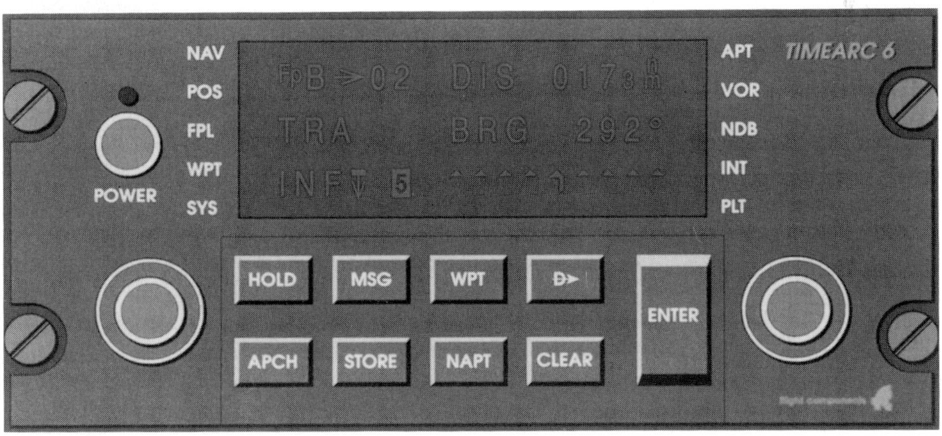

Timearc 6 GPS-Control Display Unit von Flight Components zum Anschluß an SEL/Alcatel Globos C 2000 und andere GPS-Sensoren (Flight Components).

Welcher Empfänger ist der richtige?

Der GPS-Empfänger-Markt wird von Tag zu Tag unübersichtlicher. Die Zahl der Hersteller und Empfängermodelle steigt ständig. Dabei ist nicht immer gleich erkennbar, welche Empfänger sich für welche Anwendung eignen. Auch das Studium der aufwendigen GPS-Prospekte hilft nur bedingt weiter, denn einige Hersteller beschreiben manchen Empfänger so, als ob man mit ihm sowohl im Hochgebirge als auch auf dem Schiff oder im Flugzeug optimale Ergebnisse erzielen könnte.

Solche Geräte sind oft mit einer "Modus"-Funktion ausgestattet, mit der man wählen kann, ob man den Empfänger im Land-, See- oder Luftbetrieb einsetzen möchte. Bei Geräten dieser Art ist eine gewisse Vorsicht angebracht, denn man kann nur mit entsprechend hohem technischen Aufwand jedem Einsatzbereich gerecht werden.

Wer also auf dem Schiff mit GPS navigieren möchte und gelegentlich seinen GPS-Empfänger auch auf Bergtouren einsetzen will, ist zum Beispiel mit einem leistungsfähigen 1-Kanal-Empfänger, der nach dem Multiplex-Verfahren arbeitet, gut bedient.

Koel Remote Display, befestigt oberhalb der Flugzeug-Avionic an der Panel-Verkleidung.

Von links nach rechts: Garmin GPS 100, Sony Pyxis und Magellan 5000. Bewährte GPS-Receiver für Luftfahrt, Seefahrt und Landeinsatz (GPS GmbH).

In diesen Einsatzbereichen kommt es nicht darauf an, eine große Dynamik (hohe Geschwindigkeit und Beschleunigung) zu bewältigen. Entscheidend ist hier, daß die zweidimensionale Position und die entsprechenden Navigationsdaten in einer ausreichend schnellen Zeit zuverlässig zur Verfügung stehen.

Da aber inzwischen auch Mehrkanal-Empfänger zu immer niedrigeren Preisen angeboten werden, wäre eine Entscheidung für einen 3- bis 8-Kanal-Empfänger garantiert nicht falsch, denn damit ist man auch für künftige Optimierungen bei GPS gerüstet. Ausgenommen von solchen Überlegungen sei aber derjenige, der ohnehin einen GPS-Empfänger stets nach dem neuesten Stand der Technik kauft und deswegen immer das jeweils aktuellste Modell besitzt.

Die Spezifikation allein der Ausgangsdaten reicht nicht aus, um einen Empfänger korrekt beurteilen zu können. Entscheidend ist auch, mit welcher Technik und mit welchen Verfahren diese Ausgangsdaten erzeugt werden. Von diesen Verfahren ist die Qualität der Ausgangsdaten (Genauigkeit, Stabilität in der Signalverfolgung, Dynamik usw.) abhängig.

Auch die physikalischen Größen eines Empfängers (Abmessungen, Gewicht Betriebsbedingungen: Betriebs- und Lagertemperaturen, relative Feuchte) geben schon Aufschluß darüber, für welchen Einsatzzweck er konzipiert ist.

Ein 2-kg-Empfänger eignet sich nun einmal nicht für den aktiven Bergwanderer. Dem Yachtbesitzer hingegen dürfte dieses Gewicht aber relativ gleichgültig sein.

Beim Leistungsverbrauch verhält es sich ähnlich. Auch hier ist der landgebundene Freizeitnavigator eher an einer niedrigen Leistungsaufnahme mit langlebigen Batterien interessiert als z.B. der Yachtbesitzer.

Bei einem einmotorigen Reiseflugzeug hingegen kommt es darauf an, wie die vorhandene Avionic elektrisch zu bewerten ist, und ob sich ein GPS-Empfänger problemlos in die Avionic-Umgebung integrieren läßt. Im Luftfahrtbereich sollte man die GPS-Empfänger besonders kritisch unter die Lupe nehmen.

Einige Geräte sind nämlich entweder überhaupt nicht oder nur schlecht abgeschirmt, so daß ihre Störstrahlung im Cockpit die vorhandene Avionic beträchtlich verwirren kann.

Auch die Ausführung der Antenne und ihre Plazierung sind sehr wichtig. Die Antenne ist, wie es heute so schön heißt, der "Knackpunkt" bei jedem GPS-Empfänger. Es nützt der aufwendigste Empfänger nichts, wenn die Antenne das schwächste Glied in der technischen Gesamtkonzeption ist.

Antennen

Die Antenne sollte technisch so konzipiert sein, daß Störstrahlungen weitgehend eliminiert werden. Theoretisch ist dieses Problem zwar in den Griff zu bekommen. In der Praxis aber, beim Einsatz an unterschiedlichen Orten, spielen die Störungen,

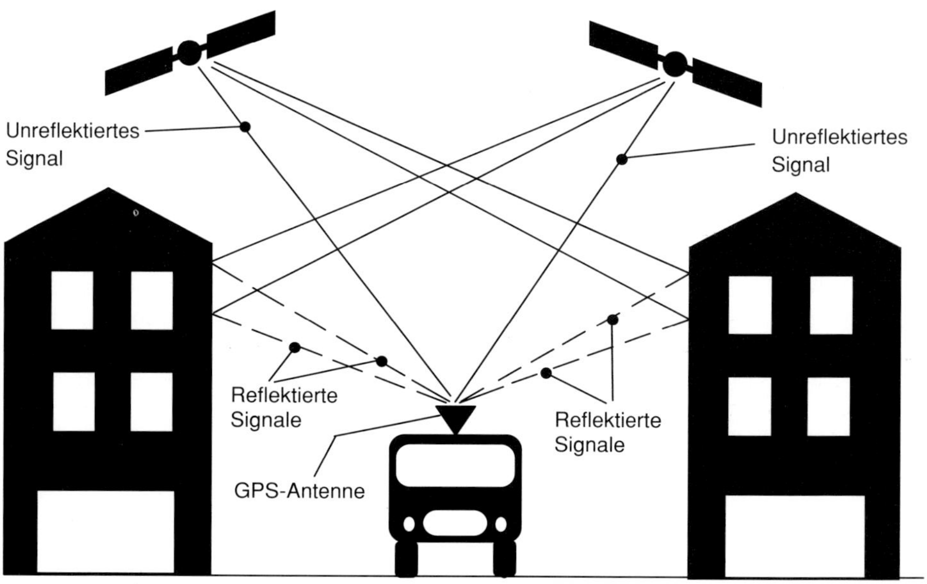

Mehrwege-Empfang durch Reflexionen.

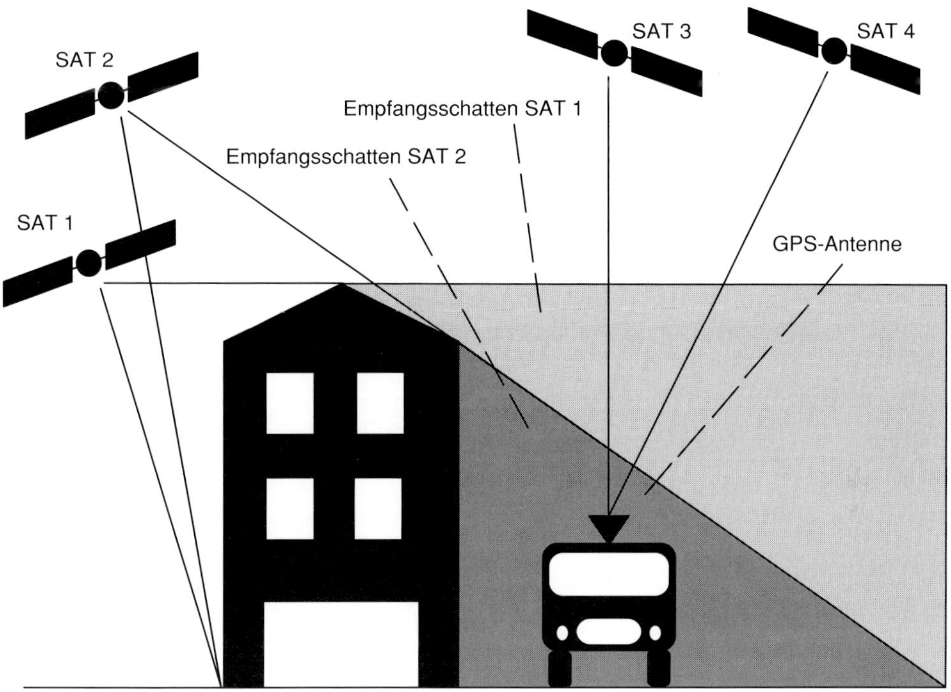

Abschattung der GPS-Antenne durch Gebäude: Nur die Signale von SAT 3 und SAT 4 werden empfangen.

die neben den nutzbaren Signalen empfangen werden, eine Schlüsselrolle. Dieses Problem entsteht bereits am Installationsort der Antenne.

Beispiel PKW

Auf Prospekten mancher GPS-Empfänger-Hersteller sieht man, wie z.B. der GPS-Empfänger samt Antenne hinter der Windschutzscheibe positioniert wird. Oder aber, die externe Antenne mit Magnetfuß ("Kojak"-Blaulicht-Effekt) wird lässig auf das Dach über der Fahrertür gestellt.

Während die letzte Variante noch vertretbar ist, sind bei der ersten Zweifel angebracht, auch wenn hin und wieder brauchbare Ergebnisse erzielt werden. In dieser Konfiguration gibt es so viele Abschattungen, Reflexionen und Störstrahlungen (u.a. von der Autoelektrik), daß mit unbefriedigenden Navigationsergebnissen gerechnet werden muß.

Am besten wäre ein Einbauort genau in der Dachmitte, an dem eine flache GPS-Antenne möglichst bündig mit der Dachhaut abschließt. Aber selbst bei dieser Konstellation wird man es in engen Straßen und Großstadtzentren mit hoher Bebauung bei der Positionsbestimmung wegen der vielen Abschattungen und Reflexionen sehr schwer haben.

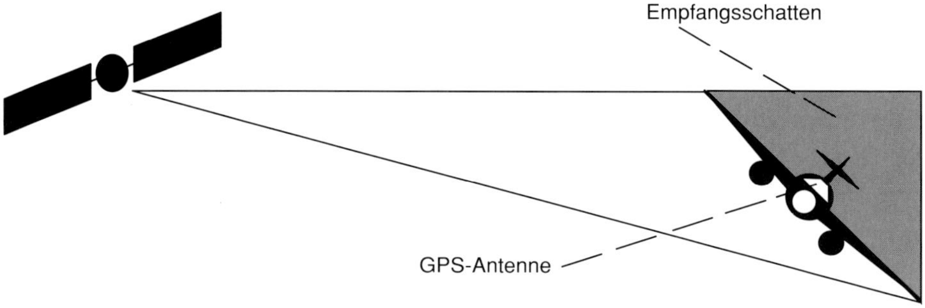

Abschattung der GPS-Antenne während des Kurvenfluges.

In der Wüste aber, z.B. bei einer Rallye, hat man mit exakten Positionsbestimmungen keine Probleme, da nicht nur eine fast ideale Horizontsicht in alle Richtungen gegeben ist, sondern auch keine reflektierende Flächen (Sandboden reflektiert kaum) vorhanden sind. Reinhold Meßner hatte bei seinem Pol-Fußmarsch mit der Ortung und Navigation per GPS ähnlich gute Bedingungen.

Bergwanderer sieht man auch schon mit GPS-Empfängern. In engen Tälern aber sind zuverlässige Positionsbestimmungen durch Abschattungen und Reflexionen mehr oder weniger Glücksache, von der ohnehin schlechteren Höhenbestimmung, die bei dem GPS-Verfahren systemimmanent ist, einmal abgesehen (zur Erinnerung: GPS-Genauigkeit mit SA: +/-100 Meter horizontal, +/- 300 Meter vertikal).

Beispiel Flugzeug

Am kritischsten ist der Antenneneinbauort am Flugzeug zu bewerten. Er sollte nämlich im Idealfall im Schnittpunkt der Drehachsen (Längsachse, Querachse, Hochachse) liegen. Dadurch würden Beschleunigungen (Dynamik), die durch Drehen, Rollen oder Nicken des Flugzeuges entstehen, weitestgehend minimiert. Allerdings wären an diesem Ort kaum Signale zu empfangen, da die Antenne am Drehachsen-Schnittpunkt im Inneren des Flugzeuges liegen würde.

Empfehlenswert ist ein Einbau in der Verlängerung der Hochachse, wobei die Antenne möglichst bündig mit der Aluminiumhaut des Daches abschließen sollte. Für diesen Zweck gibt es spezielle Antennen. Im Einzelfall aber, und das gilt auch für Schiffe und PKW/LKW, geht probieren über studieren. Beim Flugzeug allerdings wären Experimente nur mit einem größeren und unvertretbaren Installationsaufwand verbunden.

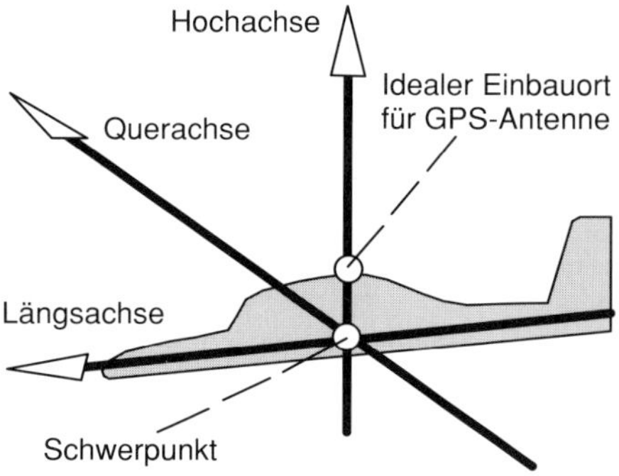

Einbauort für GPS-Antenne bei einem Flugzeug. Die geringsten Beschleunigungen treten nahe des Schwerpunktes auf.

Es bleibt folglich nur der Gang zum luftfahrttechnischen Betrieb, der über eine ausreichende Erfahrung bei Antenneninstallationen verfügen sollte und auch die Flugzeug-Geometrie bewerten kann. Ein großes Problem aber ist bei der GPS-Flugzeugantenne zumindest zur Zeit noch nicht gelöst: Die Signal-Abschattungen bei Kurvenflügen.

Beim Kurvenfliegen kann, je nach Schräglage (Bank) des Flugzeuges, die Antenne so weit abgeschattet werden, daß die GPS-Anzeige entweder völlig ausfällt ("No Satellites") oder die anzeigten Werte zum "Springen" neigen. Unter "Springen" versteht man sehr stark schwankende Werte, z.B. bei der Geschwindigkeit.

Beispiel Schiff

Da sich auf See in der Regel keine Gebäude oder sonstige Sichthindernisse befinden, die eine optimale quasi-optische Verbindung zwischen Satelliten und Schiff beeinträchtigen könnten, sollte man zunächst von einem hervorragenden GPS-Empfang ausgehen. Leider ist dies nicht der Fall.

Wasser, erst recht Salzwasser, reflektiert wegen der größeren Dichte elektromagnetische Wellen auch. Dadurch kommt es auf See, genauso wie auf dem Land, zu Störungen durch Reflexionen, die zu einer Qualitätsminderung des Satellitensignals beitragen. Dies gilt um so mehr, je näher sich die Antenne an der Wasseroberfläche befindet. Installiert man sie dagegen an der Spitze eines Mastes, so treten bei rauher See durch heftige und schnelle Drehungen um die Schiffslängs- und -querachse vorwiegend Signal-Abschattungen auf. Auch die größere Dynamik ist unter solchen Bedingungen zu berücksichtigen. Am besten ist es, die Antenne bündig ins Kajütendach einzubauen.

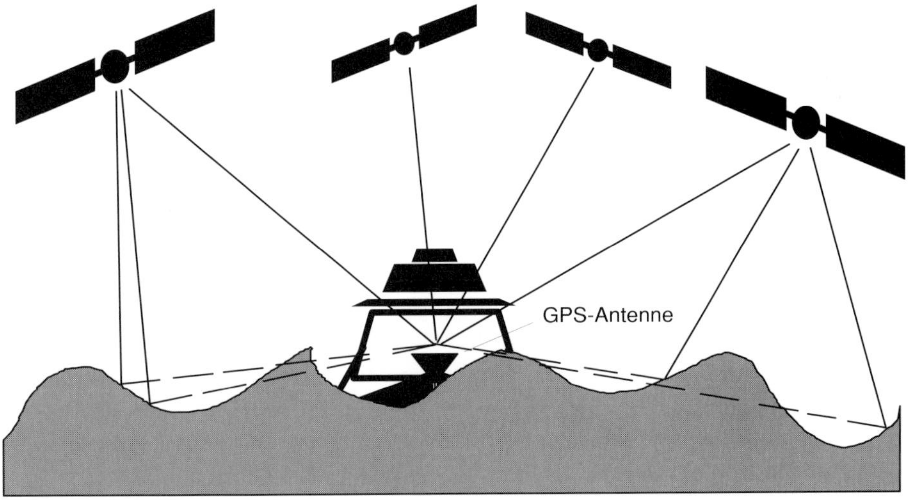

Mehrwege-Empfang durch Reflexionen bei hohem Wellengang und zu tief angebrachter GPS-Antenne.

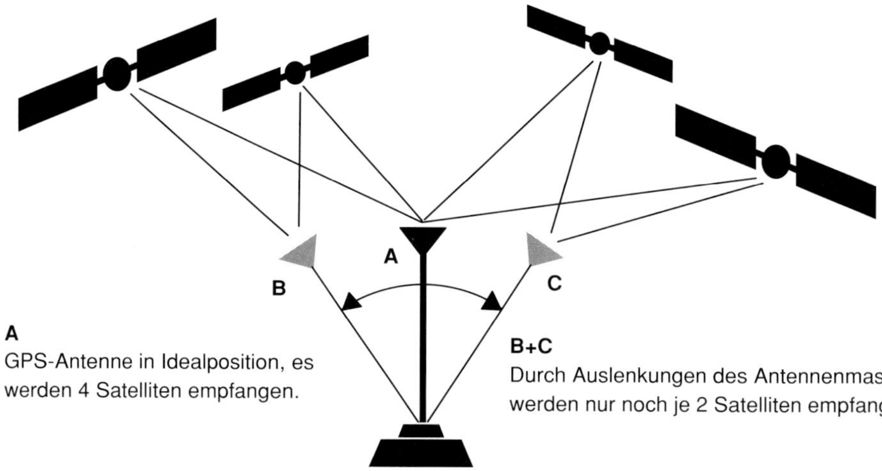

Signal-Abschattungen bei GPS-Mastantenne und starken Bewegungen um die Schiffslängsachse bei schwerer See.

Choke Ring GPS-Antenne zur Reduzierung von Mehrwege-Effekten (Aerodata).

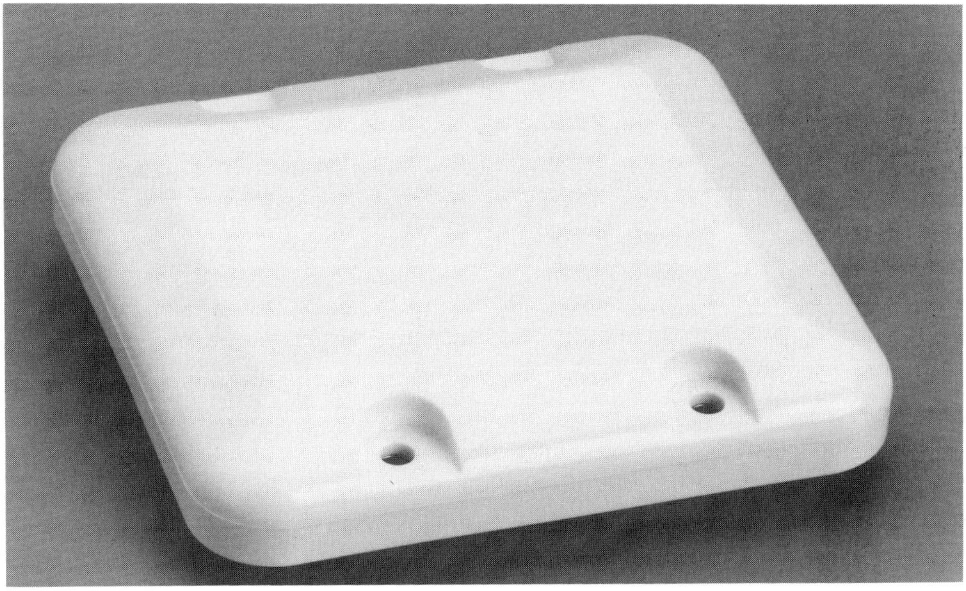

Teldix CoPilot GPS-Avionic-Antenne für aerodynamisch günstigen Einbau.

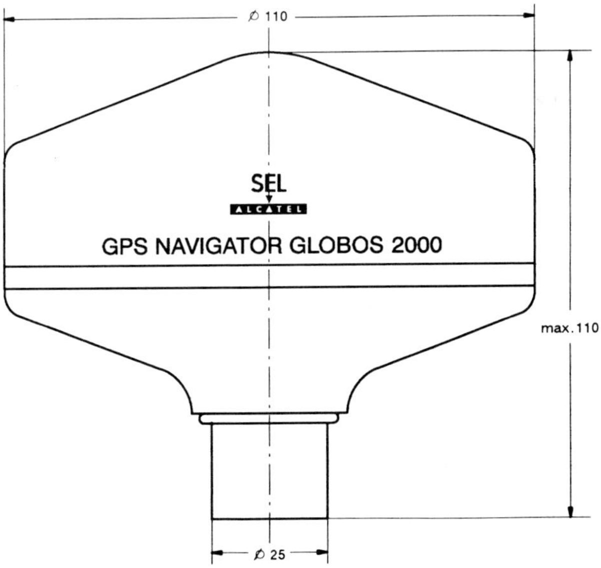

Antenne MA-1 mit integriertem Vorverstärker für die GPS-Sensoren GLOBOS 200 und LN 2000 F von SEL/Alcatel.

Trimble Flightmate: Hand-Held-GPS mit Luftfahrt- Database

Ein besonders handlicher GPS-Receiver ist der Trimble Flightmate, der sich durch eine eigene Database mit weltweit 11.700 Flughäfen und 3.100 VORs auszeichnet. Diese Database basiert auf der Jeppesen Database 424. Als Leichtgewicht mit rund 400 g kann er nicht nur auf Flug-Trips, sondern auch bei landgebundenen NAV-Aufgaben problemlos eingesetzt werden. Allerdings hat der Flightmate keine BZT-Zulassung. Er ist also nur für den Export bestimmt und darf nicht in Deutschland betrieben werden. Wir müssen darauf aufmerksam machen, unabhängig davon, ob solche seit Jahrzehnten geltenden Vorschriften de facto eingehalten werden oder nicht. Wir selbst haben den Flightmate natürlich im Ausland getestet.

Auffallend und von anderen GPS-Empfängern abweichend ist das Tastatur-Layout mit Tasten, die keine Beschriftung mit alphanumerischen Zeichen, sondern Symbole (wie bei einer Cursor-Steuerung) haben. Das LCD-Anzeigefeld entspricht der Norm bei GPS-Empfängern dieser Hand-Held-Klasse. 4 Zeilen mit je 16 Zeichen machen zwar keine aufwendigen grafischen Darstellungen möglich, sie reichen aber für eine umfassende Dateninformation aus.

Informationen und NAV-Daten hat der Flightmate in Hülle und Fülle zu bieten. In den folgenden Abschnitten soll nun keine Bedienungsanleitung für den Empfänger veröffentlicht werden, das bleibt dem übrigens recht gut aufgemachten, umfangreichen Handbuch (leider nur in englischer Sprache erhältlich) vorbehalten. Es werden aber die wichtigsten und interessantesten Daten-Features näher beschrieben, um einen Einblick in die Leistungsfähigkeit dieses Gerätes zu geben.

Ob im Einzelfall jeder Anwender dieses Daten-Angebot und die navigatorischen Möglichkeiten voll nutzt, muß allerdings bezweifelt werden. Man wird sich in der Praxis auf eine beschränkte Anzahl von "Manipulationen" einspielen, denn die Bedienung der Tasten in der richtigen Reihenfolge ist etwas gewöhnungsbedürftig und erfordert ein häufiges navigatorisches Training mit dem Flightmate. Die Tastatur selbst ist griffig, jedoch nur mit recht starkem Drücken zu aktivieren.

Für den Einsatz im Flugzeug empfiehlt sich der zusätzliche Kauf des "Avionic-Kit", in dem neben einer externen Antenne auch allerlei Zubehör für die fachgerechte Befestigung, z.B. am Steuerhorn, und für die Stromversorgung vom Bordnetz enthalten ist.

Hier noch einige Tips für den Betrieb des Flightmate mit 4 Alkaline-Batterien (Typ Mignon/AA, je 1,5 Volt und ca. 2.300 mA). Diese Tips gelten übrigens auch für andere batteriebetriebene GPS-Empfänger. Die Batterielebensdauer ist mit 5-10 Stunden im Akquisitions-Sparmodus (5 Sekunden) zu optimistisch. Bei 5-6 Stunden gibt der Flightmate bereits Warnungen über zu geringe Batteriespannung aus. So kann also ein intensiver Einsatz relativ schnell ins Geld gehen - von der Entsorgung der Batterien ganz abgesehen.

Wer aber nun glaubt, mit Mignon-Akkus das Problem beheben zu können, sei gewarnt. Akkus in dieser Größe haben eine Kapazität von etwa 500 mA. Das bedeutet, daß nach etwa 1,5 bis maximal 2 Stunden Einsatz die Akkus entladen sind. Beim Kauf des Avionic-Kits ist man diese Sorgen los, denn hier kann das Gerät an das Bordnetz angeschlossen werden. Bei der für den Flightmate angegebenen 9 bis 32 Volt Gleichstromversorgung werden also auch 24 Volt aus einer LKW-Batterie verkraftet.

Initialisierung

Bei erstmaligem Gebrauch des Flightmate ist zunächst der Almanach, die Status-Information über die Konstellation aller Satelliten, zu laden. Dies geschieht automatisch und dauert etwa 30 Minuten. In diesen 30 Minuten "sammelt" der Flightmate die "groben" Daten aller Satelliten ein und berechnet während dieser Zeit bereits eine erste, ungefähre Position.

Für diesen Initialisierungsvorgang legt man den Flightmate am besten auf eine ebene Fläche, von der aus eine optimale Rundumsicht (ideal wäre eine Sicht bis zum Horizont) ohne unmittelbare Sichtbehinderung durch Bäume, Berge, Bauten usw. möglich ist.

Ist der Almanach geladen, wechselt auf dem Bildschirm die Anzeige von einem kleinen a zu einem großen A. Der Flightmate schaltet sich dann ab. Nach dieser einmaligen Initialisierung muß der Almanach künftig nicht mehr geladen werden, auch bei einem Batteriewechsel nicht. Eine erneute Initialisierung ist nur erforderlich, wenn die Stromversorgung länger als 15 Minuten (entnommene oder entladene Batterien) unterbrochen war.

Nun ist der Empfänger bereit zur ersten Positionsbestimmung. Für die Positionsbestimmung sollte man sich im Freien an einem möglichst nicht von Sichthindernissen beeinträchtigten Platz aufhalten und den GPS-Empfänger waagerecht in der Hand halten. Nach dem Einschalten durchlaufen einige Seiten mit Bedienungsinformationen (Tutorial Screens) den Bildschirm.

Diesen Vorgang kann man vorzeitig durch Drücken der ENTER-Taste beenden und dadurch sofort die NAV-Bildschirm-Anzeige oder die Bildschirm-Anzeige erhalten, die vor dem letzten Ausschalten des Gerätes zu sehen war. Während der Flightmate nun den Himmel nach Satelliten abtastet, werden kontinuierlich alle Daten aktualisiert. Sind drei Satelliten mit zuverlässigen Signalen gefunden, erscheint die erste Positionsanzeige. Für die Akquisition von vier Satelliten benötigt der Flightmate etwa 2 Minuten.

Die allererste Positionsbestimmung zeigt der Flightmate im sogenannten "Default"-Mode, d.h. mit einer Anzeige, die werksseitig (oder nach einer längeren Stromunterbrechung) auf bestimmte Standardeinheiten (Maßeinheiten, Zeiteinheiten usw.) eingestellt wurde. Deshalb erscheint die erste Positionsanzeige mit den WGS84-Koordinaten im Sekunden-Format, beispielsweise N 38° 14 44,44" (Nord 38 Grad - 14 Minuten - 44,44 Sekunden). Soviel zur Initialisierung des Flightmate. Betrachten wir nun die einzelnen Betriebsarten, die hier "Menüs" genannt werden.

Die Menüs

Bei der Bedienung wird der Anwender durch sieben Menüs geführt (NAV, WPT, NEAR, TRIP, TIME, MORE, GPS). In jeder der sieben Betriebsarten können verschiedene Bildschirmseiten (Screens, bei anderen GPS-Empfänger-Herstellern auch "Pages" genannt) abgerufen werden. Dabei gibt es Bildschirmseiten mit Informationen und solche, in denen Befehle eingegeben werden können, um z.B. den Flightmate den eigenen Bedürfnissen anzupassen. Die einzelnen Menüs haben folgende Inhalte:

NAV

In der NAV-Betriebsart sind Funktionen für die Navigation zu einem Bestimmungsort oder zurück zum Startort enthalten. Zunächst erscheint ein sogenannter "Multi-Nav"-Bildschirm, der eine Menge an navigatorischen Details für den Flug zu einem Bestimmungsort (Waypoint) zeigt:

- Name des Waypoints
- Peilung zum Waypoint
- Geschwindigkeit über Grund
- Entfernung
- Kurs über Grund
- Gerade oder ungerade Flughöhe
- Geschätzte Flugdauer
- Geschätzte Ankunftszeit
- CDI

Die nächsten Screens enthalten Informationen über den Bestimmungsort (TO), eine mögliche Kursabweichung (XTE) und Höheninformationen.

In den Screens können auch NAV-Befehle (FROM, TO, NEXT) eingegeben werden, wobei die FROM-Daten aus der Flughafen-, VOR- oder User-Database (persönliche Database) stammen können.

Mit diesen drei Befehlen läßt sich z.B. auch eine Route mit zwei Streckenabschnitten einrichten, wobei FROM der Startort, TO ein Waypoint in der Streckenmitte und NEXT der Zielort ist. Manchen Anwendern mögen diese zwei Routenabschnitte zu wenig sein, doch es besteht ja die Möglichkeit, die jeweils nächsten Waypoints aus der User-Database abzurufen und damit den nächsten Routenabschnitt festzulegen.

WPT

In der WPT-Betriebsart können Waypoints (Zielorte, Wegepunkte und allgemeine geografische Orte/Punkte) für zukünftige Verwendung in der User-Database gespeichert werden. Außerdem hat der Anwender in dieser Betriebsart Zugang zu der internen Database (Airports, VORs). Dies sind die Kommandos, mit denen in WPT gearbeitet werden kann:

- Suche Waypoints
- Neuer Waypoint
- Änderung Waypoint
- Umbenennen Waypoint
- Löschen einzelnen User-Waypoint
- Löschen alle User-Waypoints
- Optimieren User-Waypoint-Koordinaten
- Offset-Waypoint
- Kopieren Waypoint

NEAR

In dieser Betriebsart können automatisch die nächstliegenden 10 Waypoints zum gegenwärtigen Standort ermittelt werden. Diese Funktion ist besonders nützlich, wenn man z.B. in eine Schlechtwetterzone gerät und schnellstmöglich landen möchte (und sollte!).

Aktiviert man diese Funktion, so sucht der Flightmate in allen Databases nach den in der Nähe liegenden Waypoints (Flughäfen, VORs, User-Waypoints) und stellt die 10 nächstliegenden zusammen. Dabei werden die Entfernungen und die Kurse von der gegenwärtigen Position zu diesen Waypoints sowie dessen Koordinaten angezeigt.

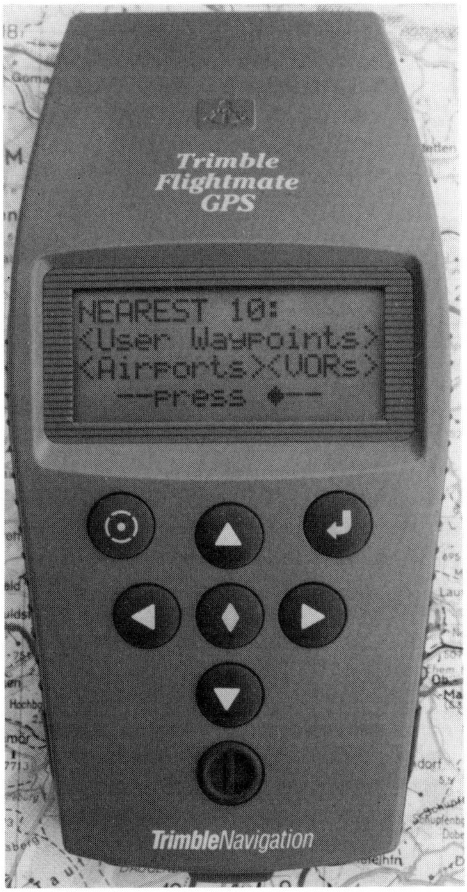

TRIP

TRIP arbeitet wie ein separater Strecken-Navigationscomputer, der Informationen über einzelne Strecken wie z.B. Durchschnittsgeschwindigkeit oder zurückgelegte Gesamtstrecke verarbeitet und ausgibt. Die Screens in dieser Betriebsart enthalten die Daten von zwei verschiedenen Flugrouten (Trips). Dabei kann die eine Flugroute z.B. die Hauptflugroute sein, die andere eine Zwischenroute, die, nachdem die erste unterbrochen wurde, separate Aufzeichnungen ermöglicht. Bei der jeweils aktuellen Flugroute können folgende Daten abgerufen werden:

- Bisher geflogene Gesamtstrecke
- Bisher dafür verbrauchte Zeit
- Erreichte maximale Flughöhe
- Erreichte minimale Flughöhe

In einer anderen Bildschirmdarstellung sind die sogenannten "Good"-Daten ablesbar (Distance Made Good, Course Made Good usw.). Darunter versteht man die effektiv erreichten Werte für eine direkte Strecke, z.B. vom Startpunkt A zum Zielpunkt B, auch wenn man unterwegs Umwege geflogen ist und mehrfach den Kurs gewechselt hat. Die "Good"-Werte gelten also für die direkte Verbindung von A nach B. Angezeigt werden diese "Good"-Werte:

- Effektive Entfernung A - B
- Effektiver Kurs A - B
- Effektiv erreichte Geschwindigkeit A - B

In einer weiteren Darstellung können abgelesen werden:

- Gegenwärtige Geschwindigkeit
- Durchschnittliche Geschwindigkeit
- Maximal erreichte Geschwindigkeit

Als Befehle für den TRIP-Modus stehen zur Verfügung:

- TRIP beginnen (Reset)
- TRIP unterbrechen / fortsetzen
- Daten TRIP 1 oder TRIP 2 ansehen

TIME

Neben der exakten gegenwärtigen Zeit können in dieser Betriebsart noch drei weitere Zeitfunktionen (Timer) verwendet werden. Bei den drei Timern sind folgende Betriebsarten möglich:

• Gestoppt
• Stoppuhr-Modus
• Countdown-Modus

Mit diesen Befehlen werden die Funktionen der Timer gesteuert:

• Start / Stop Timer
• Preset Timer
• Reset Timer

MORE

Unter dieser Betriebsart hat man Zugang zu verschiedenen Informationsblöcken wie z.B. Sonnenauf- und -untergang, GPS-Satelliten-Status usw. Außerdem können die Anzeigemodi individuell angepaßt werden. Folgende Befehle sind möglich:

• Datenformate anpassen
• Berechnungen
• Rückstellen Batterie-Laufzeitanzeige
• GPS-Aktualisierungrate
• Automatische Selbstabschaltung
• Bildschirm-Kontrast
• Bildschirm-Beleuchtung

Anpassen der Datenformate

Folgende Maßeinheiten können je nach persönlichen Wünschen oder den landestypischen Erfordernissen eingestellt werden (genannt werden die Default-Datenformate; Mg bedeutet magnetisch Nord):

• Uhrzeit (z.B. 15:00 - HH:MM)
• Datum (z.B. 09/23/93 - MM/DD/YY)
• Höhe (z.B. 1500 FT)
• Entfernung (z.B. 145, 3 NM)
• Geschwindigkeit (z.B. 115 KT)
• CDI-Skalierung (NM)
• Koordinaten (z.B. 38° 14.4444")
• Kompass (z.B. 285° Mg)
• Referenz-Ellipsoid (WGS84)
• Zeitzone (UTC +/- Stunden-Einstellung)

Sonnen-Daten

In dieser Bildschirmdarstellung werden verschiedene Sonnen-Daten für den momentanen Standort, ein beliebiges Datum oder einen beliebigen Waypoint angezeigt.

Nehmen wir als Beispiel die Sonnen-Daten für einen Waypoint mit der Bezeichnung WPT36. Hier würde die Anzeige folgende Informationen liefern (alle Werte sind lediglich Anzeige-Beispiele und stehen nicht im Zusammenhang):

• Waypointbezeichnung (z.B. WPT36)
• Datum, Wochentag
(z.B. 18/04/93 SUN)
• Sonnenaufgang/-untergang
(z.B. 06:45 - 20:03)
• Azimuth Sonnenaufgang/-untergang
(z.B. Azm 44° - 285° Mg)

In einer zweiten Bildschirmanzeige erscheinen anschließend diese Daten:

• Waypointbezeichnung (z.B. WPT36)
• Datum, Zeit der Sonnenposition
(z.B. 18/04/93 16:25)
• Höhenwinkel (z.B. 45°)
• Azimuth (z.B. WSW 250° Mg
(West-Süd-West)

Satelliten-Daten

Wichtige Informationen über die Satelliten liefern die folgenden Bildschirmanzeigen, die auch hier näher erläutert werden. Satelliten-Daten sind wichtig, weil sie Aufschluß über die Qualität der Satelliten-Konstellation und der Satellitensignale liefern. Diese Qualität bestimmt die Genauigkeit der Positionsbestimmung. Der erste Bildschirm zeigt beispielsweise:

• Satelliten-Nummer (z.B. SV 12)
• Satelliten-Akquisitionsstatus

• Elevation (z.B. 71°)
• Azimuth (z.B. azm 235°m)
• Satelliten-Signal-Genauigkeit URA (z.B. ura: 8.0m)
• Satelliten-Geometrie für die 3-dimensionale Position PDOP (z.B. 3,4)

In einer weiteren Anzeige sind die Daten für vier Satelliten auf einen Blick zu sehen:

• Satelliten-Nummer (z.B. 12, 24, 13, 20)
• Feldstärke je SV (grafische Balken)
• Satelliten-Status (L, d, r, s, oder h)
• Elevation in Grad (z.B. 70, 35, 75, 21)
• Azimuth in Grad (z.B. 228, 21, 135, 291)
• URA (z.B. 8m, 4m, 32m, n/a)

Bei der Angabe des Satelliten-Status bedeuten die einzelnen Buchstaben:

L = Locked, auf Satelliten aufgeschaltet
d = Signalempfang, Daten-Auswertung
r = Entfernungsdaten werden gesammelt
s = Satellit wird gesucht
h = Satellit ist nicht brauchbar

Bei den URA-Angaben ist zu beachten, daß Werte über 30 als "schlecht", Werte unter 30 als "gut" zu bewerten sind (s.a. URA im Glossar). Das Kürzel n/a bedeutet "not available", der Satellit steht nicht zur Verfügung (wenn er z.B. eine niedrige Elevation hat).

Berechnungen

In den nächsten Screens im Modus MORE können einige flugtypische Werte berechnet werden. So lassen sich z.B. zwischen der gegenwärtigen Position und beliebigen Waypoints der jeweilige Kurs und die Entfernung abrufen.

Ein weiterer Befehl zeigt die TAS (True Air Speed, wahre Fluggeschwindigkeit), den Wind mit Richtung und Stärke sowie die

Dichtehöhe. Allerdings sind zuvor Steuerkurs, IAS (Indicated Air Speed, angezeigte Fluggeschwindigkeit), Außentemperatur, Höhenmesser-Einstellung und die angezeigte Höhe einzugeben.

Batteriewechsel

Immer bei Batteriewechsel kann mit dem Befehl "Reset Battery Hours" die Batterieüberwachung initialisiert, d.h. neu gestartet werden.

GPS-Aktualisierungsrate

In diesem Bildschirm-Modus kann eingegeben werden, ob man das batteriesparende Aktualisieren (Updating) alle 5 Sekunden oder alle 1,5 Sekunden haben möchte. Im 5-Sekunden-Modus stehen ca. 5-10 Stunden Batteriekapazität zur Verfügung, im 1,5-Sekunden-Modus dagegen nur 4-5 Stunden.

Automatische Selbstabschaltung

Hier kann eingegeben werden, ob sich der Empfänger nach einer bestimmten Zeit der Nichtbenutzung (keine Tastaturverwendung) automatisch selbst abschalten soll. Bei Dauerbetrieb läßt sich das Gerät nur manuell abschalten.

Bildschirm-Kontrast

Mit diesem Befehl läßt sich der Kontrast des LCD-Bildschirms steuern.

Bildschirm-Beleuchtung

Der Flightmate-Bildschirm verfügt über eine Hintergrund-Beleuchtung, die sich wahlweise ein- und ausschalten läßt. In eingeschaltetem Zustand allerdings stehen für den Empfänger und seine navigatorischen Aufgaben nur noch 50% der Batteriekapazität zur Verfügung, d.h. im ungünstigsten Fall sind nach rund 2 Stunden Arbeit mit dem Flightmate neue Batterien einzulegen.

GPS

Die Funktion GPS schließlich zeigt die derzeitige Position an, ganz gleich, wo man sich befindet. Zusätzlich werden die empfangenen Satelliten mit Symbolen dargestellt. Sind nur drei Satelliten akquiriert, so muß man in dieser Betriebsart die Höhe manuell eingeben. Werden anschließend wieder vier Satelliten empfangen, ersetzt der Empfänger die manuell eingegebene Höhe durch die GPS-Höhe.

Wählt man den nächsten Bildschirm, werden weitere Positionsinformationen angezeigt: Datum, Uhrzeit, Zahl der empfangenen Satelliten sowie die Positionsangabe 2D oder 3D.

Selten kommt bei schlechter Satelliten-Geometrie die Anzeige "Poor Satellite Geometry". Man empfängt in dieser Situation zwar die erforderliche Anzahl Satelliten, jedoch ist die Position der Satelliten zueinander und zum Empfänger so ungünstig, daß keine exakte Positionsermittlung möglich ist. In einem solchen Fall haben der HDOP und erst recht der PDOP sehr hohe (also schlechte) Werte. Da sich die Satelliten aber ständig (und schnell) weiter bewegen, ist nach ein paar Minuten die Geometrie mit Sicherheit wieder ausreichend, so daß dann wieder eine genaue Positionsbestimmung möglich ist.

Zum Abschluß: Mit dem Flightmate, den uns die GPS GmbH, München, zur Verfügung gestellt hat, kamen wir bei allen navigatorischen Aufgaben bestens zurecht.

Für den Einsatz in Kraftfahrzeugen und im Flugzeug allerdings empfiehlt sich die Anschaffung des optionalen Ausrüstungs-Kits, das einen Anschluß des Empfängers an das Bordnetz und die Plazierung der im Kit enthaltenen externen Antenne an optimaler Stelle an der Windschutzscheibe ermöglicht.

Teldix CoPilot: Luftfahrt/Landnavigation mit LCD-Linienkreuz auf normalen Karten

Die zu Bosch Telecom gehörende Teldix GmbH in Heidelberg, bislang der weltweit einzige Anbieter von elektronischen Kartengeräten mit Anzeige auf Papierkarten, macht diese leicht zu bedienende Technik jetzt auch der Allgemeinen Luftfahrt zugänglich. Eine Sonderstellung nimmt der Teldix CoPilot innerhalb der GPS-Empfänger ein. Zunächst ist er ein Anzeigeinstrument, an das die verschiedensten GPS-Sensoren, Schnittstellen-Kompatibilität vorausgesetzt, angeschlossen werden können.

Der CoPilot ist ausgesprochen anwenderfreundlich und repräsentativ für die Übergangszeit von gedruckten Papierkarten zu digitalisierten Karten. Einerseits hat er den Charme der konventionellen Fliegerkarte, andererseits die Sachlichkeit eines High-Tech-Instrumentes.

Das Gerät besteht aus einem eigenständigen GPS-Empfänger, der die Positionsinformationen liefert und einem Kartengerät, das die momentane Position mit einem transparenten LCD-Cursor über einer eingeschobenen Papierkarte anzeigt. Zusätzlich stehen wichtige Informationen wie Geschwindigkeit über Grund, Wegpunkt-Daten, zurückzulegende Flugstrecke und Flugzeit usw. über eine leicht zu bedienende Tastatur und eine alphanumerische Anzeige zur Verfügung.

Während der GPS-Empfänger im Flugzeug (oder im KFZ) fest installiert ist, wird das Kartengerät in einer Tasche aufbewahrt, die mit Klettband an geeigneter Stelle befestigt wird. Dadurch kann das Kartengerät, z.B. für die Flugvorbereitung

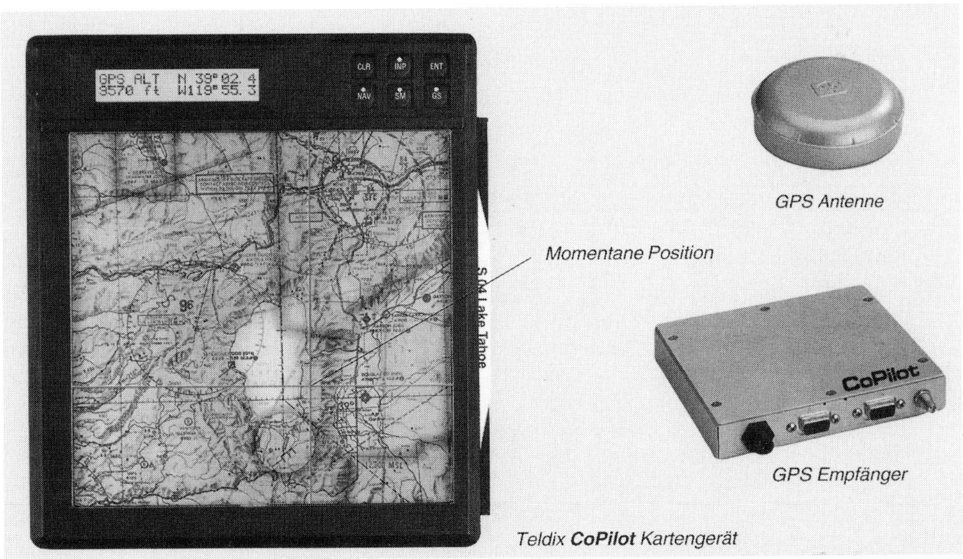

Teldix **CoPilot** Kartengerät

zuhause, leicht herausgenommen werden. Neben dem privaten Einsatz werden von Teldix auch folgende Anwendungsbereiche angesprochen:

- Lufttaxi/Charter
- Luftrettung
- VIP-Transport
- Feuerwehr/Polizeidienste
- Forstwirtschaft
- Offshore-Flüge
- Umweltschutz u.v.m.

Kartengerät

Das Kartengerät besteht aus einem flachen Gehäuse von etwa DIN-A4 Größe und knapp 30 mm Dicke. Die Kartenblätter, die einheitlich das Format 200x200 mm haben, werden in einen seitlichen Schlitz eingeschoben.

Über der eingeschobenen Karte befindet sich ein Fenster aus einer durchsichtigen Flüssigkristallanzeige, mit deren Hilfe ein Linienkreuz zur Positionsmarkierung auf der Karte erzeugt wird. Alle Karten werden vom Kartengerät mit Hilfe eines auf der Karten-Rückseite aufgedruckten Bar-Codes identifiziert.

Nach Anschluß des Kartengerätes an den GPS-Sensor überträgt dieser die aktuelle Position permanent in das Kartengerät. Der Rechner im Kartengerät ermittelt zunächst, welche Karte bei der gegenwärtigen Position benötigt wird und fordert diese dann über die kleine Anzeige oberhalb des großen Kartenfensters an.

Bei Einschieben der Karte wird zunächst mit Hilfe eines Bar-Code Lesers verifiziert, ob die richtige Karte eingelegt wurde, wenn dies der Fall ist, wird die Position durch ein blinkendes Linienkreuz über der Karte dargestellt. Dieses Linienkreuz folgt dann stets der aktuellen Position auf der Karte. Wird der Bereich der Karte verlassen, fordert das Kartengerät die nächste Karte automatisch an.

GPS-Sensor

Als Sensor verwendet Teldix den bewährten Trimble SVeeSix, der auf die Software des CoPilot optimal abgestimmt ist. So sind bei dem Trimble-Sensor beispielsweise die Empfangsqualität, die Höhe und der GPS-Status verfügbar, während diese Daten bei anderen Sensoren oder Empfängern nicht abgerufen werden können.

Kartenmaterial

Teldix liefert passend zum CoPilot für die Luftfahrt einen fertigen ICAO-Kartensatz (Deutschland) in einer Größe von 20 x 20 cm je Karte. Allerdings können auch eigene Karten hergestellt werden. Man kopiert, z.B. aus der Deutschen Generalkarte 1:200.000 oder einem Meßtischblatt 1:25.000, den gewünschten Ausschnitt, beschneidet ihn auf die passende Größe und klebt ihn auf einen speziellen Kartenträger. Nach kurzer Anpassung der Kartendaten und zweier Fixpunkte arbeitet der CoPilot automatisch.

In einem Fahrversuch (Antenne auf der Hutablage) konnten wir die Funktionsweise mit einem Meßtischblatt eingehend prüfen. Die Abweichungen des LCD-Linienkreuzes von den effektiven Positionen waren minimal und wahrscheinlich nur deshalb überhaupt sichtbar, weil der Maßstab mit 1:25.000 extrem klein war. Bei ICAO-Karten im Maßstab 1:500.000 dürfte der Anwender in der Praxis keine Abweichungen mehr registrieren.

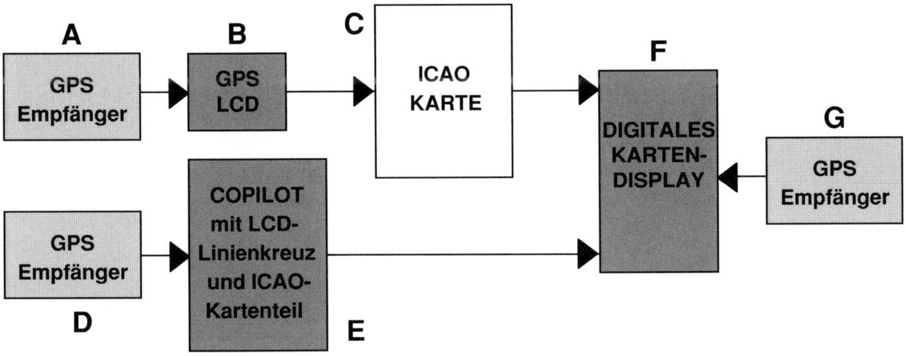

Normale visuelle Umsetzung von GPS-Positionsinformationen auf konventionelle ICAO-Luftfahrtkarten (A, B, C).
In einigen Jahren wird das angestrebte Ziel, ein digitales Kartendisplay mit integrierten GPS-Positions- und Navigationsinformationen erreicht sein (F, G).
Der Teldix CoPilot (D, E) ist eine ergonomische Zwischenstufe auf dem Weg zum GPS-Empfänger mit digitaler Kartendarstellung.

Gerätefunktionen

Der CoPilot hat, bedingt durch die Verwendung von gedruckten Karten in Verbindung mit einem LCD-Linienkreuz für die unmittelbare Positionsmarkierung auf der Karte, gegenüber anderen GPS-Empfängern Vorteile - besonders für Piloten.

Die Positionsdaten müssen nicht vom Display auf eine Karte "übertragen" werden, denn Position, Bewegung und Flugrichtung sind auf der Karte immer sichtbar. Folgende Betriebs- und Einsatzmöglichkeiten bietet das Gerät:

- Kontinuierliche Positionsanzeige auf einem Kartenblatt.

- Anzeige der Positionskoordinaten der momentanen Position.

- Schnelles Eingeben eines Wegpunktes während des Fluges durch "Anfahren" des Punktes auf der Karte.

- Anzeige der Richtung und Entfernung zum Wegpunkt.

- Speicherung von 200 Wegpunkten in einer Wegpunktbibliothek.

- Programmierung und Speicherung von 10 Flugrouten durch Einbindung von maximal 10 Wegpunkten je Flugroute.

- Flug auf programmierten Flugrouten und Anzeige der Ablage von der gewählten Flugroute.

- Verwendung von Karten mit den Maßstäben 1:50.000, 1:100.000, 1:200.000, 1:250.000, 1:500.000 und 1:1.000.000.

- Anzeige von "Sollflughöhen" bei Benutzung von gespeicherten Flugrouten.

- Anzeige der von GPS ermittelten Höhe.

- Anzeige der Geschwindigkeit über GND und der Restflugzeit.

• Benutzung und Speicherung von 50 "Sonderkarten" mit beliebigen Maßstäben.

• Eingebauter Rechner zur Berechnung von Gesamtflugzeit und Treibstoffmenge für die jeweils gespeicherte Flugroute.

Flugvorbereitung zuhause

Das Kartengerät erlaubt bei der Flugvorbereitung außerhalb des Flugzeuges die Zusammenstellung von geplanten Flugrouten. Eine Flugroute wird aus bis zu 10 einzelnen Wegpunkten zusammengestellt. Bis zu 10 Flugrouten und maximal 100 Wegpunkte können im Kartengerät gespeichert werden.

Zum Speichern von Wegpunkten ist mit dem Linienkreuz die Position auf der Karte, die als Wegpunkt ausgewählt wurde, "anzufahren". Es kann jeder beliebige Kartenpunkt als Wegpunkt in der Flugroute verwendet werden.

Wird eine Position auf der Karte, die als Wegpunkt gespeichert ist, mit dem Linienkreuz angefahren, so wird im Navigationsbetrieb der gespeicherte Wegpunktname zusätzlich angezeigt. Jedem Wegpunkt, der in eine Flugroute eingebunden ist, wird die Sequenznummer in der Folge der anzufliegenden Wegpunkte und eventuell ein Wegpunktname über die Tastatur hinzugefügt.

Eine zusätzlich vorhandene Rechnerfunktion erlaubt nach Eingabe von Windrichtung, -geschwindigkeit, Eigengeschwindigkeit (TAS, True Air Speed) und Treibstoffverbrauch pro Stunde die Berechnung der Treibstoffmenge und der Gesamtflugzeit.

Das deutschsprachige CoPilot-Handbuch ist übersichtlich aufgebaut und beschreibt die Gerätefunktionen systematisch.

Wie z.B. der Navigationsbetrieb beim CoPilot aussieht, sollen auszugsweise die nächsten Seiten aus diesem Bedienungshandbuch beispielhaft zeigen. Danach folgen noch vier weitere anschauliche und informative Handbuch-Seiten, in denen aus dem Teil "Programmieren von Flugrouten" das Eingeben einer Flugroute beschrieben wird.

NAVIGATIONSBETRIEB

Zur Beachtung
Das Kartengerät und der GPS-Empänger enthalten Selbstprüf- und Betriebsüberwachungseinrichtungen. Es können daher nach dem Einschalten oder während des Betriebes der Geräte Zustands- und Fehlermeldungen am Anzeigefeld des Kartengerätes erscheinen, die sowohl das Kartengerät als auch den GPS-Empfänger betreffen; Erläuterungen siehe hierzu Anhang A1.

4.1 Positionsanzeige auf der Karte (Normalbetrieb)

Nach Inbetriebnahme (siehe Abschnitt 2.5) ist bei dem Kartengerät die Betriebsart "Navigation" aktiviert (Taste NAV muß nicht betätigt werden). Das GPS beginnt, die momentane Position zu ermitteln.

Nach dem Einschalten kann es etwa 20 bis 30 Sekunden dauern, bis das GPS die momentane Position liefert. Solange kann die nebenstehende Anzeige erscheinen.

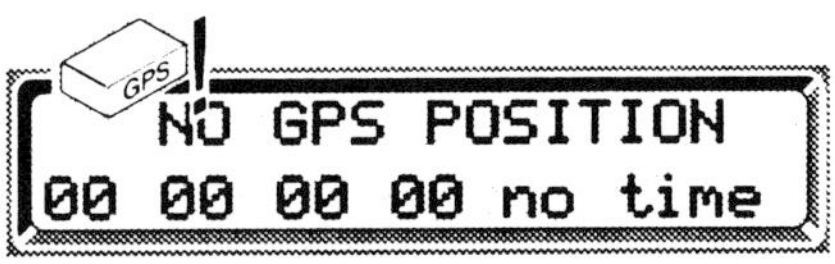

Sobald das GPS einen oder zwei Satelliten empfängt, erscheinen die nebenstehenden Anzeigen. Bei Empfang von mindestens **drei** Satelliten (in ausreichender Qualität) verschwindet die Anzeige NO GPS POSITION.
Die Position ist ermittelt.

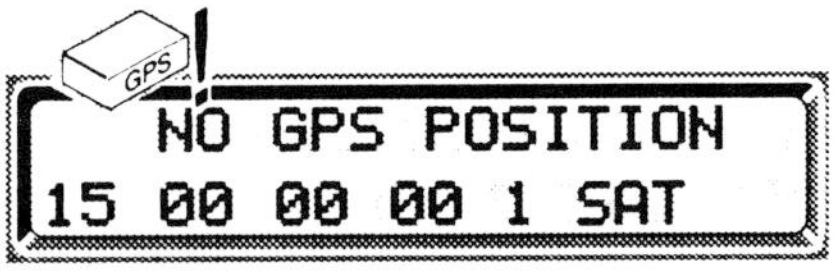

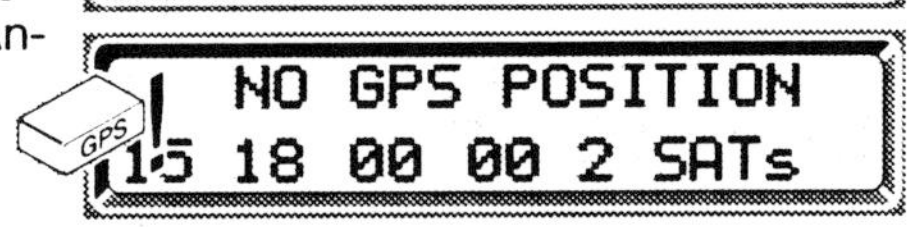

Das Kartengerät fordert mit INSERT MAP auf, die zu dieser Position gehörende Karte (zum Beispiel PU00) einzuschieben:

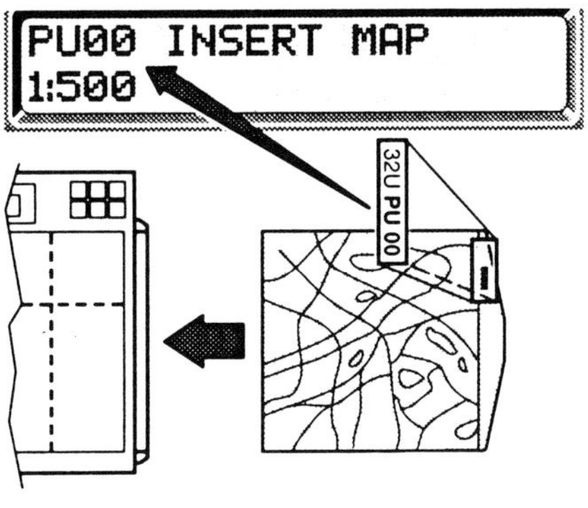

Angeforderte Karte (hier PU00) einschieben.
Ist für das zu überfliegende Gebiet eine Sonderkarte vorhanden (siehe Abschnitt 7.3), so kann auch diese eingeschoben werden.
Wenn bereits die aufgeforderte Karte im Gerät ist, muß sie entnommen und erneut eingeschoben werden

Fortsetzung nächste Seite

HINWEIS
Erscheinen im Anzeigefeld zusätzlich zwei Balken, werden zu wenig Satelliten empfangen (siehe auch Anhang A1, Zustandsmeldungen)

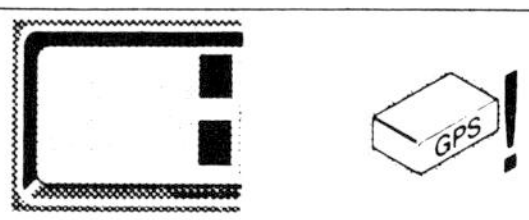

(Balken erscheinen auch, wenn bei der Anzeige NO GPS POSITION die Taste CLR gedrückt wird)

Das Gerät erkennt die eingeschobene Karte und stellt das Linienkreuz entsprechend der momentanen Position ein. Die Anzeige INSERT MAP erlischt.

Im Anzeigefeld erscheint die zuletzt angewählte Flugroute (Beispiel RTE 2), die Richtung und die Entfernung zum Wegpunkt und ggf. der Wegpunktname.

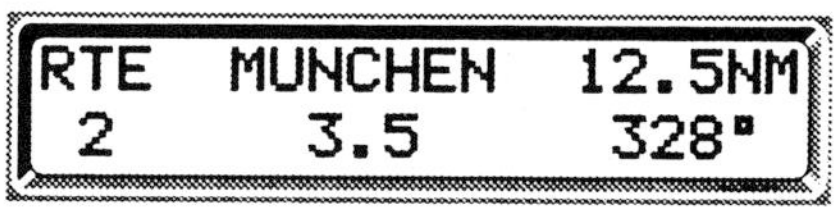

Außerdem erscheint eine Bewertungszahl (siehe Anhang A1, Zustandsmeldungen), die die Empfangsgüte von 2 (gut) bis 12 (schlecht) anzeigt.

oder

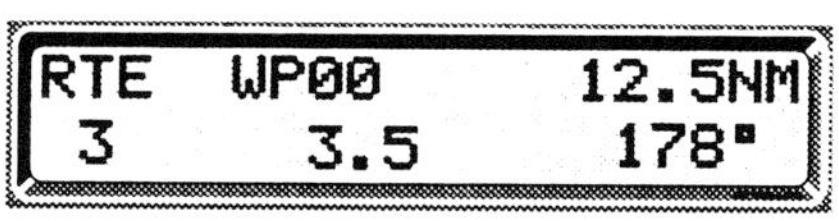

Falls keine Flugroute gespeichert ist, wird die momentane Position als Wegpunkt (SWP) übernommen. Der Wegpunkt-Name z.B. "MUNCHEN" erscheint nur, wenn die momentane Position in der Wegpunktbibliothek enthalten ist. Danach wird die Richtung und Entfernung zu diesem Wegpunkt angezeigt.

Wurde anstelle einer vom Kartengerät angeforderten Karte eine andere eingelegt (z. B. bereits die Karte des Zielgebietes), so kann die momentane Position auf dieser Karte nicht gezeigt werden. Das Linienkreuz steht oder bewegt sich am Kartenrand.
Die aktuellen Navigationsdaten werden trotzdem im Anzeigefeld angezeigt.

HINWEIS
Sonderkarten (siehe Seite 7-4) werden nicht angefordert, auch wenn die momentane Position auf einer solchen Karte darstellbar ist. Gewünschte Sonderkarte bei Bedarf einschieben. Das Gerät erkennt die eingeschobene Sonderkarte und stellt das Linienkreuz entsprechend der momentanen Position ein.

4.2 Festlegen / Auswählen eines Wegpunktes (SWP)

Jeder beliebige Punkt auf der eingelegten Karte kann als Wegpunkt (Single Waypoint SWP) festgelegt werden. Die Eingabe des Wegpunktes kann auch dann erfolgen, wenn bereits eine Flugroute programmiert ist.
Durch die Eingabe eines Wegpunktes (SWP) werden die Daten eines vorher programmierten Wegpunktes (SWP) gelöscht.

Taste INP drücken

Im Anzeigefeld erscheint die Aufforderung SELECT SWP und eine Darstellung der Pfeiltasten

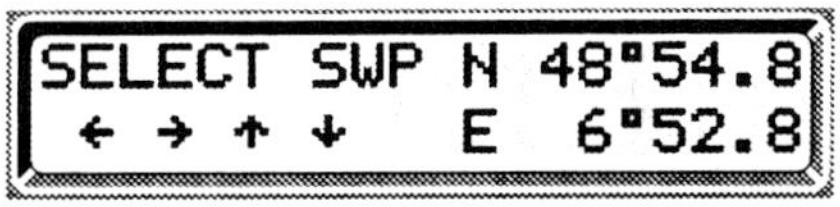

Pfeiltasten ↑ ↓ ← → drücken, um das Linienkreuz auf der Karte auf die gewünschte Position zu stellen

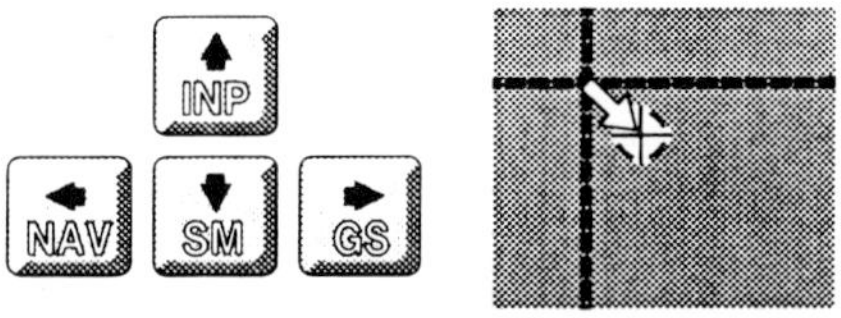

Das Linienkreuz bewegt sich in Pfeilrichtung der Tasten. Erreicht das Linienkreuz einen Punkt auf der Karte, der in der Nähe eines in der Bibliothek abgespeicherten Wegpunktes liegt (Abstand auf der Karte kleiner als 5 mm), so wird dessen Name anzeigt; siehe auch Seite 5-6.

Taste ENT drücken, um die exakte Position des gespeicherten Wegpunktes in die Anzeige zu übernehmen

Im Anzeigefeld erscheint

oder

4.3 Flug zu einem Wegpunkt

In der Betriebsart "Navigation" (NAV) kann zwischen den Anzeigen "Richtung zum Wegpunkt" und "Ablage von der Flugroute" umgeschaltet werden.

Befindet sich das Kartengerät nicht in der Betriebsart NAV, zur Anwahl der Betriebsart NAV Taste CLR drücken

CLR

Anzeige nach Auswahl der Betriebsart NAV

MUNCHEN 12.5NM
SWP 328°

Taste ENT drücken, um die Anzeige umzuschalten auf Flugweg-Ablage (XTK)

ENT

MUNCHEN 12.5NM
SWP ▮▮▮▮O▮▮▮▮

Die Flugweg-Ablage wird als Balkendiagramm in die Anzeige eingeblendet. Das Balkendiagramm hat folgende Bedeutung:
Der Nullpunkt des Balkendiagramms, das feststehende „O" in der Mitte, symbolisiert das Flugzeug.
Die zu korrigierende Ablage von der Flugroute wird durch maximal 20 senkrechte Striche links oder rechts vom "O" dargestellt.
In dem nebenstehend gezeigten Beispiel ist eine nach rechts zu korrigierende Ablage von 18 Strichen sichtbar. Jeder Strich bedeutet ein XTK von 100 m. Somit beträgt die Ablage hier 1800 m vom geplanten Flugweg.
Die erforderliche Kurskorrektur muß durch Fliegen einer **Rechtskurve** erfolgen (siehe Bild).
Balken auf der linken Seite erfordern entsprechend eine Kurskorrektur durch eine Linkskurve.
Wird keine Ablage angezeigt, liegt die momentane Position genau auf der geplanten Flugroute.

MUNCHEN 12.5NM
SWP ▯▯▯▯O▮▮▮▮

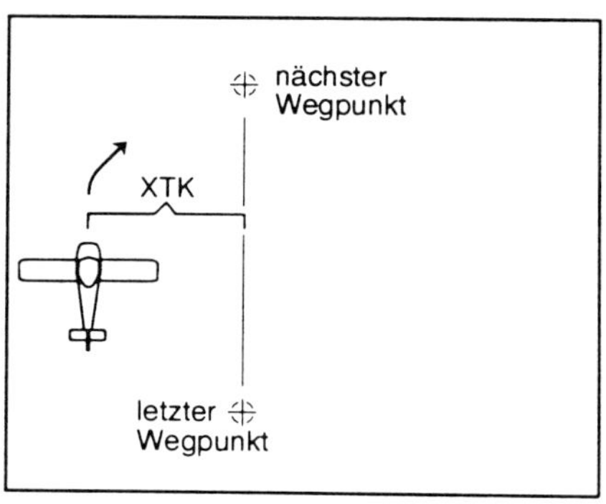

Fortsetzung nächste Seite

Taste ENT erneut drücken, um die Anzeige zurückzuschalten auf Entfernung/Richtung

4.4 Fliegen auf einer programmierten Flugroute

Im Kartengerät können bis zu 10 Flugrouten gespeichert werden. Das Programmieren und Auswählen programmierter Flugrouten wird in Kapitel 5 gezeigt. Das Gerät muß sich in der Betriebsart "Navigation" befinden.

Das Anzeigefeld zeigt RTE (Flugroute), die zugehörige Nummer (0 bis 9), den nächsten Wegpunkt sowie seine Entfernung und Richtung (True Bearing). Ein Name wird nur gezeigt, wenn der Wegpunkt aus der Wegpunkt-Bibliothek stammt.
Sofern bei der Programmierung der Flugroute für den ersten Abschnitt eine Sollflughöhe eingegeben wurde, erscheint diese jetzt im Anzeigefeld (Beispiel 3500 ft).

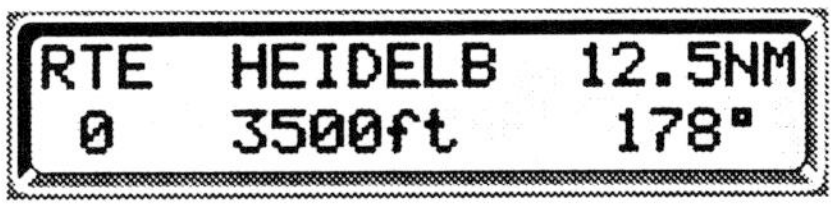

Die Anzeige kann jederzeit umgeschaltet werden, um die Flugweg-Ablage (XTK) von der Flugroute anzuzeigen.

Taste ENT drücken

Das Balkendiagramm mit der Ablage (XTK) erscheint im Anzeigefeld (siehe Abschnitt 4.3)

Fortsetzung nächste Seite

Beim Erreichen eines Wegpunktes wird automatisch auf den nächsten Wegpunkt der Flugroute weitergeschaltet, d.h. dieser erscheint im Anzeigefeld.

Ist für die jeweilige Teilstrecke der Flugroute eine Flughöhe programmiert, so erscheint bei einer Ablage größer 2000 m von der Flugroute die Anzeige "OFF ROUTE" und die angezeigte Höhe erlischt. Richtung und Entfernung zum nächsten anzufliegenden Wegpunkt (im Bild WP2) werden so lange angezeigt, bis der Wegpunkt (hier WP2) ungefähr querab liegt. Danach schaltet das Kartengerät auf den nächsten Wegpunkt (im Bild WP3) um.

Wird ein Streckenabschnitt mit programmierter Flughöhe auf der Route angeflogen und verringert sich die Ablage unter einen Wert von 2000 m, so erlischt die Anzeige "OFF ROUTE" und die programmierte Flughöhe wird wieder angezeigt.

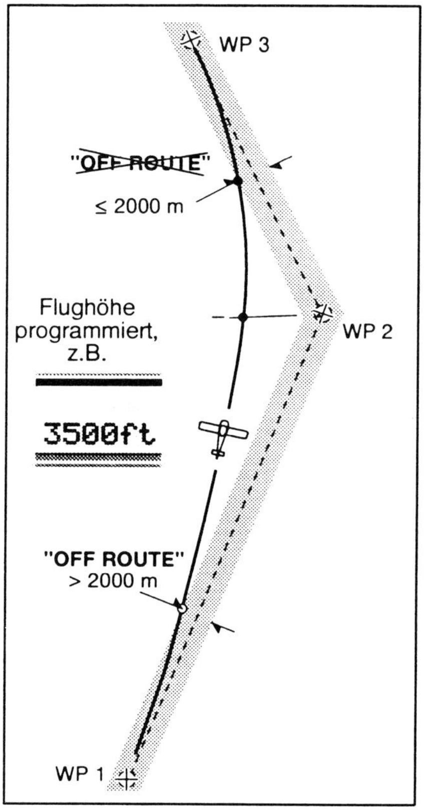

Bei Verlassen einer Teilstrecke, für die eine Flughöhe programmiert war, meldet das Gerät "**OFF ROUTE**". Bezogen auf das verwendete Beispiel ergeben sich je nach Anzeige-Modus folgende Anzeigen:

Anzeige bei Einstellung **Entfernung/ Richtung** zum Wegpunkt

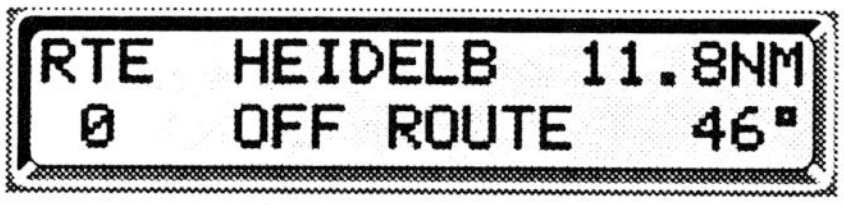

Anzeige bei Einstellung **Ablage** von der Flugroute (Beispiel: nach rechts zu korrigierende Ablage von der Flugroute)

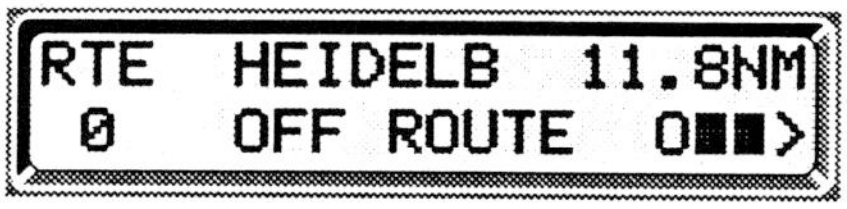

4.5 Ändern der Flugroute durch Eingabe eines zusätzlichen Wegpunktes (SWP) während des Fluges

Eine programmierte Flugroute kann während des Fluges durch Eingabe eines beliebigen zusätzlichen Wegpunktes (SWP) unterbrochen werden. Dies kann z.B. zum Umfliegen einer Schlechtwetterfront angewendet werden. Zu diesem Zweck können nacheinander, auch mehrfach, Wegpunkte eingegeben werden. Der vorher eingegebene Wegpunkt SWP wird jeweils überschrieben.
Die Eingabe eines Wegpunktes ist im Abschnitt 4.2 beschrieben.

Um zur Flugroute zurückzukehren, gibt es drei Möglichkeiten:

1. Anfliegen nach Karte
Nach dem Überfliegen des Wegpunktes wird die verlassene Flugroute durch Navigieren nach Karte erreicht. Das Gerät erkennt selbsttätig die vorher verlassene Flugroute, schaltet automatisch auf diese zurück und zeigt den nächsten Wegpunkt als neues Ziel. Weitere Eingaben sind nicht erforderlich.

2. Auswahl eines zusätzliches Wegpunktes zum Erreichen der Flugroute
Nach dem Überfliegen des Wegpunktes wird ein zusätzlicher Wegpunkt ausgewählt, der auf der Flugroute liegt.

3. Löschen des eingegebenen Wegpunktes SWP nach dem Überfliegen

Taste INP drücken

Im Anzeigefeld erscheint SELECT SWP und die Koordinaten des Wegpunktes.

HINWEIS
Linienkreuz nicht mit den Pfeiltasten verstellen! Ansonsten mit Taste CLR abbrechen und erneut beginnen.

Taste CLR betätigen, um den Wegpunkt zu löschen

Der nächste Wegpunkt der Flugroute erscheint jetzt als neuer Zielpunkt.

4.6 Anzeige der Geschwindigkeit über Grund und der Restflugzeit

Taste GS drücken

Im Anzeigefeld erscheint der **Name** des nächsten Wegpunktes (sofern er aus der Wegpunktbibliothek stammt), die **Geschwindigkeit** über Grund in Knoten (kt) und die **Restflugzeit** TTG in Stunden, Minuten und Sekunden.

Die Berechnung der Restflugzeit bezieht sich auf die kürzeste Entfernung zum nächsten Wegpunkt unter Beibehaltung der momentanen Geschwindigkeit.

Taste NAV drücken, um zurückzukehren zur Navigation

4.7 Überprüfen der Wegpunkt-Position

Taste NAV niederhalten

Der im Anzeigefeld dargestellte nächste Wegpunkt wird auf der Karte durch das Linienkreuz markiert.

Im Anzeigefeld erscheint der Name des Wegpunktes (sofern er aus der Wegpunktbibliothek stammt)

Fortsetzung nächste Seite

Handelt es sich dabei um einen zusätzlichen Wegpunkt SWP, wird dies in der zweiten Zeile zusätzlich angezeigt.

Liegt dieser Wegpunkt außerhalb der eingelegten Karte, erscheint die zu diesem Wegpunkt gehörende Kartenbezeichnung. Die übrigen Anzeigen entsprechen dem oberen Beispiel.

Taste NAV loslassen, die angeforderte Karte einschieben und Position erneut überprüfen

5.2 Eingeben einer Flugroute (RTE)

Das Kartengerät kann bis zu **10 Flugrouten** speichern. Eine Flugroute besteht aus einer Kette von maximal **10 Wegpunkten**. Der Startpunkt ist mit WP00 gekennzeichnet, das Ziel der Route ist der letzte Wegpunkt der Kette.

Praxis-Tip Als Wegpunkte können die in der **Wegpunktbibliothek** gespeicherten benannten Wegpunkte oder **beliebige Punkte auf der Karte** ausgewählt werden. Auch Kombinationen beider Arten von Wegpunkten sind möglich.

Wegpunkte aus der **Wegpunktbibliothek** werden ausgewählt, indem das Linienkreuz in die Nähe eines solchen Punktes (auf der Karte zuvor markiert, siehe Abschnitt 6.1) gesteuert wird, bis der **Name** des Wegpunktes in der Anzeige erscheint (siehe Seite 5-6). Wegpunkt dann wie unten beschrieben übernehmen.

Flugrouten werden im Rahmen von Flugvorbereitungen eingegeben. Dies kann auch außerhalb des Flugzeugs unter Verwendung des Netzgerätes durchgeführt werden (Antenne und GPS-Empfänger sind dabei nicht angeschlossen). Siehe Abschnitt 2.7.

Die Karte mit der beabsichtigten Startposition in das Gerät einlegen. (Die Flugrouten-Nummer, für die eine Flugroute programmiert werden soll, ist zuvor gemäß Abschnitt 5.1 gewählt worden.)

Taste SM drücken

Im Anzeigefeld erscheint die Betriebsart zum Anzeigen und Speichern von Flugrouten

Taste ENT drücken

In der Anzeige erscheint die Nummer der Flugroute (RTE 0), die jetzt bearbeitet werden kann. Ist diese Route bereits programmiert, erscheint der Name und die Nummer des ersten Wegpunktes der Route.
Liegt die Startposition auf einer anderen Karte, so wird deren Nummer angezeigt.

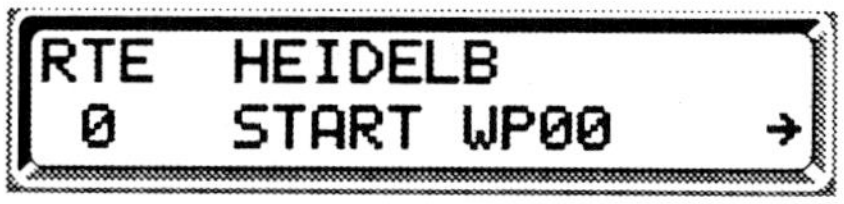

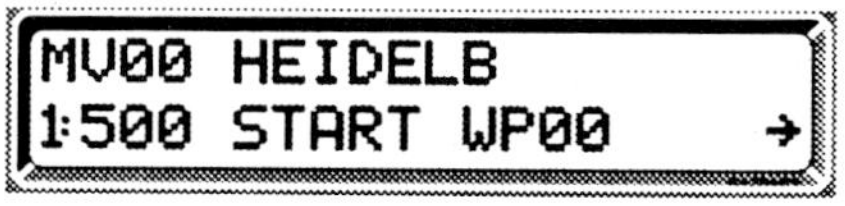

Fortsetzung nächste Seite

Ist die ausgewählte Route nicht programmiert, erscheint "FLIGHT ROUTE NOT STORED"

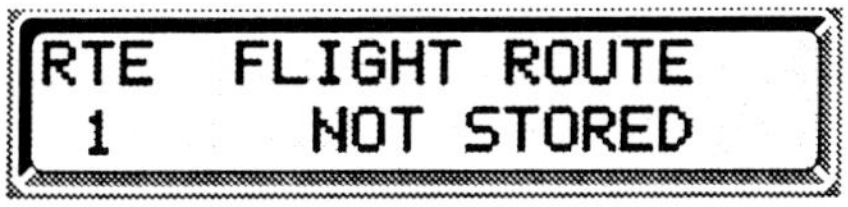

Beim erstmaligen Programmieren sind keine Flugrouten gespeichert und in der Anzeige steht RTE 0. Ansonsten erscheint diejenige RTE-Nummer in der Anzeige, die zuletzt aktiviert war. Das Umschalten auf andere RTE-Nummern ist in Abschnitt 5.1 beschrieben.
Sind unter der aufgerufenen RTE-Nummer bereits Wegpunkte gespeichert, so können diese mit der Taste ↑ abgefragt werden. Das Linienkreuz springt jeweils auf die gespeicherte Position. Beim Speichern einer neuen Flugroute werden die Daten der vorher gespeicherten Flugroute gelöscht.

Taste INP betätigen, um mit der Eingabe zu beginnen

Die Anzeige fordert auf, den Startpunkt WP00 auszuwählen

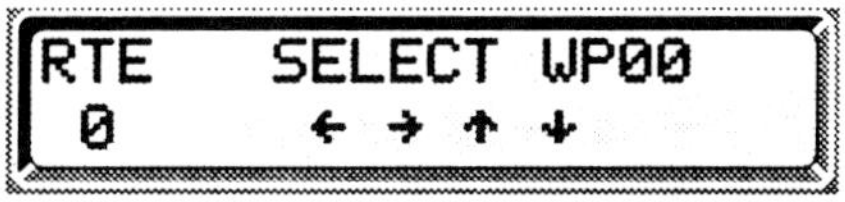

Mit den Pfeiltasten ↑ ↓ ← → das Linienkreuz auf den Startpunkt WP00 stellen

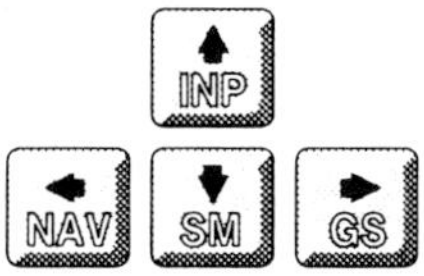

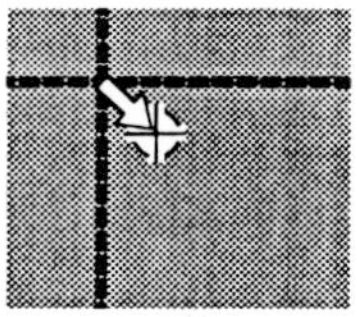

Taste ENT zur Übernahme des Startpunktes drücken

HINWEIS
Wurde nach Übernahme des Startpunktes die Taste ENT zweimal gedrückt, erscheint in der Anzeige
NOT STORED
end: ENT cont: CLR

- Zur Fortsetzung der Eingabe Taste **CLR** drücken

- Abbrechen der Eingabe: Taste **ENT** drücken

Fortsetzung nächste Seite

Die Anzeige zeigt nun WP01 an:
den nächsten Wegpunkt ansteuern und programmieren.

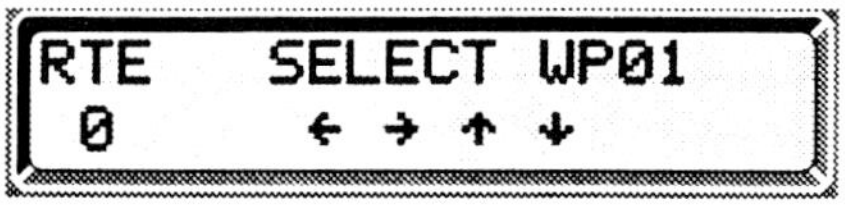

Wenn der nächste zu programmierende Wegpunkt außerhalb der im Kartengerät eingelegten CoPilot-Karte liegt, dann

- die Karte einschieben, auf der der nächste zu programmierende Wegpunkt der geplanten Flugroute liegt. Das Linienkreuz stellt sich dabei in die Mitte des Kartenanzeigefeldes.

Mit den Pfeiltasten ↑ ↓ ← → das Linienkreuz auf den nächsten Wegpunkt WP01 stellen.

Nähert sich das Linienkreuz einem *benannten* Wegpunkt aus der Bibliothek, erscheint in der Anzeige statt "SELECT" der Name des Wegpunktes.

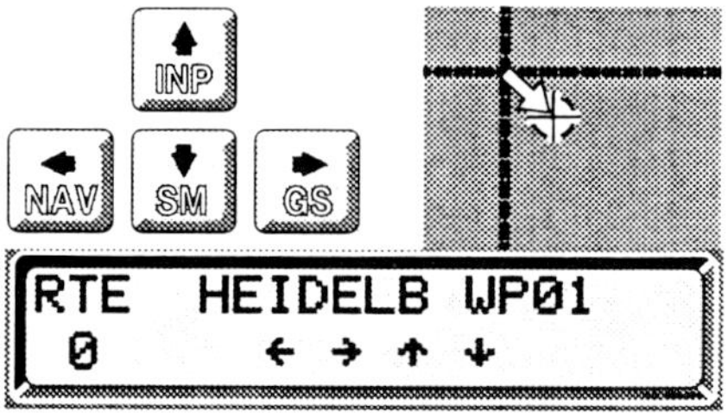

In diesem Fall muß der Wegpunkt auf der Karte nicht exakt angesteuert werden.

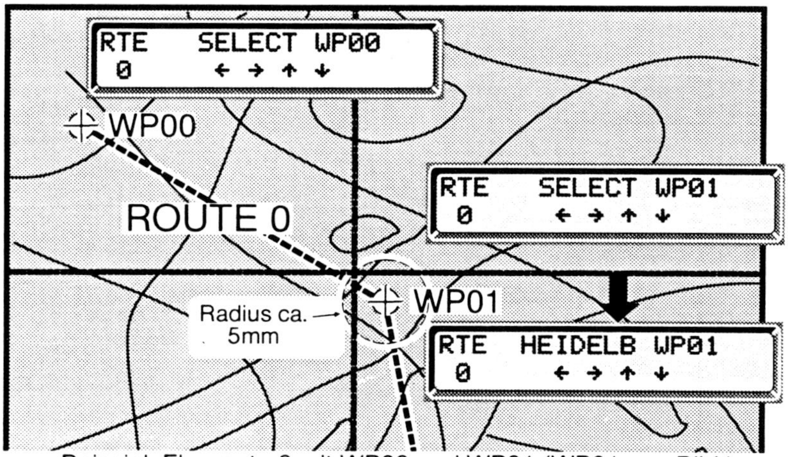

Beispiel: Flugroute 0 mit WP00 und WP01 (WP01 aus Bibl.)

Fortsetzung nächste Seite

HINWEIS:
Die Koordinaten (N- und E-Werte) *benannter* Wegpunkte können nur bei der Bearbeitung der Wegpunktbibliothek (siehe Seite 6-1) verändert werden. Ein veränderter Wegpunkt bleibt je nach Entscheidung des Benutzers entweder mit seinen veränderten Werten in der Flugroute gespeichert oder wird durch die Werte ersetzt, die vor der Veränderung gespeichert waren. In diesem Fall wird die Benennung (im Beispiel **HEIDELB**) des Wegpunkts in der Flugroute - nicht jedoch in der Wegpunktbibliothek - gelöscht.

Taste ENT zur Übernahme des WP01 drücken

ENT

Die Anzeige schaltet weiter auf WP02. Weitere Wegpunkte sinngemäß wie zuvor beschrieben programmieren.

```
RTE    SELECT WP02
 0       ← → ↑ ↓
```

Taste ENT drücken

ENT

- In der Anzeige erscheint Abfrage:
  Speichern: ENT
  Löschen: CLR

```
RTE    STORE ROUTE
 0   yes:ENT  no:CLR
```

Zur Speicherung der Flugroute Taste ENT drücken

ENT

Anzeige während des Speichervorganges:

```
+ STORING DATA
```

Anschließend erscheint die Meldung

```
  ROUTE 0 STORED
HEIDELB TO MUNCHEN
```

oder

```
  ROUTE 0 STORED
  WP00  TO  WP01
```

Zur Umschaltung in die Betriebsart Navigation (NAV) Taste CLR drükken

CLR

Tips und Informationen zu GPS-Empfängern

Bevor wir zu den GPS-Empfänger-Portraits kommen, möchten wir in den folgenden Abschnitten einige Tips und Informationen rund um GPS-Empfänger geben. Zunächst wird am Beispiel der Jeppesen NavData für Trimble GPS-Empfänger erläutert, welche GPS-relevanten Daten diese Database für die Luftfahrt bereitstellt und wie diese Daten regelmäßig aktualisiert werden können.

Anschließend folgen Tips eines luftfahrttechnischen Betriebes für Kauf, Einbau und Betrieb von GPS-Empfängern in Luftfahrzeugen. Zum Schluß dieses Teils sind noch einige Ratschläge für zukünftige GPS-Abenteurer, -Rallyefahrer und -Skipper aus der Sicht des GPS-Fachmanns und Expeditionsberaters veröffentlicht.

Jeppesen NavData Database für GPS-Empfänger

Jeder, der mit Luftfahrt zu tun hat, kennt die weltweit in der Verkehrsluftfahrt, Geschäfts- und Privatfliegerei verwendeten Jeppesen Airway Manuals, in denen Luftfahrtinformationen über nahezu alle Flughäfen, Flugstrecken, Funkfeuer usw. veröffentlicht und regelmäßig aktualisiert werden.

Die gleichen Daten sind seit einiger Zeit auch auf Speicherkarten erhältlich, den Jeppesen NavData-Cards, die auf bestimmte GPS-Empfänger-Typen einiger GPS-Hersteller zugeschnitten sind und alle 28 Tage aktualisiert werden können.

Die Speicherkarten werden in die GPS-Empfänger eingeschoben und aktiviert. Nun kann sich der Anwender die Daten, die er für die Planung oder Durchführung seines Fluges benötigt, nach bestimmten Selektionsverfahren auf sein GPS-Display holen.

Für die Trimble TNL-Empfänger (GPS oder LORAN) zum Beispiel liefert Jeppesen spezielle NavData-Cards, deren Daten denen entsprechen, die auch von den meisten Luftverkehrsgesellschaften der Welt in Flight Management Computer Systemen (FMS) und Navigation Management Systemen (NMS) verwendet werden. Die NavData-Cards sind für verschiedene Gebiete der Welt erhältlich:

North America Database
USA, Canada, Alaska, Hawaii, Mittel-Amerika und die Karibik.

International Database
Hier sind alle Gebiete der Welt enthalten, die nicht in der North America Database gespeichert sind. Zusätzlich ist Hawaii eingeschlossen.

Worldwide Database
Die weltweite Database besteht aus den beiden NavData-Cards North America Database und International Database.

Folgende Informationen sind vom GPS-Hersteller Trimble für die Trimble TNL-NavData-Cards ausgewählt worden:

Flughäfen
Verkehrsflughäfen mit einer Start/Landebahnlänge von mehr als 1.000 Fuß mit Angabe der Flugplatz-Koordinaten, Flugplatzhöhe, Länge der Start/Landebahnen, Anflugbefeuerung, Möglichkeit für IFR-Anflüge sowie Angaben zu am Flughafen stationierten Servicestellen.

Start/Landebahnen
Mißweisende Ausrichtung, Bahn-Länge, Koordinaten der Schwelle.

Kontrollierter Luftraum
Grenzen der Terminal Control Areas (TCAs), der Airport Radar Service Areas (ARSAs) und der Terminal Radar Service Areas (TRSAs).

Funkfrequenzen
Tower, UNICOM (Universalfrequenz für die Allgemeine Luftfahrt, CTAF, ATIS, Anflug- und Bodenkontrolle, TCA-, ARSA-, TRSA-Frequenzen, sonstige Frequenzen.

Waypoints am Flughafen
Benannte Waypoints (Intersections), die mit dem Flughafen und seinen An- und Abflugverfahren (SID, STAR usw.) verbunden sind.

Funkfeuer
VORs, VORTACs und NDBs

Strecken-Waypoints
Benannte Waypoints (Intersections) für die Navigation auf Airways.

Beschränkter Luftraum
Grenzen von Beschränkungsgebieten und Gebieten mit Flugverbot, Gebieten mit militärischen Aktivitäten (Military Operating Areas, MOAs) und Gefahrengebieten (nur erhältlich in der North America Database).

Minimum Off Route Altitude
Höhenangaben (Hindernisfreigrenzen).
Die International Database enthält diese Informationen in Koordinatenblocks, Abstände 1 Grad, die North America Database in Koordinatenblocks, Abstände 30 Minuten.

Hinweis
Folgende Informationen waren anfänglich in der Internationalen Database nicht verfügbar, sollten aber, sofern verfügbar, in 1992 integriert werden: Funkfrequenzen für Flughäfen und Enroute, Flughafen-Lage (Ort, Land, Staat, Länderkennung), Belag der Start/Landebahn, Befeuerung, Platzrunden-Informationen und nationale Kennungen für Funkfeuer.

Datenaktualisierung
Nach den Vorschriften der ICAO müssen Luftfahrt-Informationen alle 28 Tage aktualisiert werden. Auf den NavData-Cards ist die 28-Tage-Periode (Gültigkeitsdauer) aufgedruckt. Im Interesse der Flugsicherheit empfehlen Jeppesen und Trimble, ein Update-Abonnement abzuschließen, um jederzeit die aktuellen Daten zur Verfügung zu haben.

Jeppesen Databases sind auch für GPS-Empfänger anderer Hersteller erhältlich, z.B. ARNAV, GARMIN usw.

GPS-Empfänger für Piloten: Tips für Kauf und Einbau

Mit einer praxisorientierten Checklist hilft die Firma Aero-Electronic, Nürnberg, zukünftigen GPS-Empfänger-Käufern bei der Wahl des richtigen Gerätes für den Einsatz in ein- und zweimotorigen Reiseflugzeugen.

Luftfahrteignung

Für die Luftfahrt geeignete GPS-Empfänger müssen dreidimensional arbeiten und einen Dynamikbereich von mindestens 650 Knoten und 3 G umfassen. Die Folge der Positionsbestimmungen (Update Rate) sollte möglichst unter einer Sekunde liegen. Beim Einsatz eines GPS-Empfängers, der z.B. eine Update Rate von fünf Sekunden hat, fliegt eine Cessna 172 in der gleichen Zeit eine Strecke von etwa 300 Meter. Dies reicht für einen optimalen GPS-Einsatz in Luftfahrzeugen nicht aus. Viele Marinegeräte und preiswerte Empfänger erfüllen allerdings diese Forderungen nicht.

Anzeige

Die bei GPS-Empfängern häufig verwendeten LCD-Anzeigen sind nur bei direkter Aufsicht gut ablesbar. Ein solches Gerät muß daher unbedingt im direkten Blickfeld des Piloten liegen. Wird das Gerät zu weit nach rechts vom Piloten eingebaut, sind die Anzeigen meist wegen der schrägen Sicht nicht lesbar. Das gleiche gilt, wenn das Gerät zu tief, bezogen auf den Blickwinkel des Piloten, eingebaut ist.

Bei LCD-Anzeigen kann Fremdlicht durch Spiegelungen die Ablesbarkeit unmöglich machen. Teure, professionelle Geräte verwenden eine LED-Matrix oder eine Gasentladungsanzeige. Diese Anzeigen sind auch seitlich noch gut lesbar, Lichteinfall stört kaum. Die Preise für solche Geräte sind jedoch relativ hoch.

Drehknöpfe oder Drucktasten?

Am einfachsten lassen sich Geräte mit Drucktasten bedienen, da man sofort sieht, was man eingegeben hat. Drehknöpfe allerdings sind vorteilhaft, da sie, besonders bei Turbulenz, den Fingern bei der Bedienung mehr Halt geben.

Database

Wer vorwiegend Sonderlandeplätze anfliegt, braucht nicht unbedingt eine Database. Allerdings muß der Pilot alle Waypoints mit den zugehörigen Koordinaten manuell eingeben. Eine Eingabe während des Fluges ist umständlich und schwierig. Es gibt festprogrammierte Databases und vom Benutzer zu wechselnde Datacards. Hauptanbieter bei Datacards ist Jeppesen. Hier können die unterschiedlichsten Datacards direkt erworben werden. Auch das Update der Daten geschieht über Jeppesen direkt. Soll eine festprogrammierte Database gewechselt werden, muß eine Fachwerkstatt aufgesucht werden. Sofern vorhanden, erfolgt der Abruf von Wegpunkten mit der ICAO-Kennung.

Wieviel Kanäle soll der GPS-Empfänger haben?

Der Trend geht zweifellos zu Mehrkanalgeräten. Einkanal-Empfänger haben eine langsame Update Rate und einen geringen Dynamikbereich. In der Praxis aber hat sich gezeigt, daß moderne Einkanal-Empfänger (z.B. Einkanal-Multitrac-Empfänger von Garmin) kaum Unterschiede zu einem Mehrkanal-Empfänger haben.

Nur wer häufig im Hochgeschwindigkeitsbereich (ab etwa 350 Knoten) fliegt, sollte einen Mehrkanal-Empfänger vorziehen. Um für die Zukunft gut gerüstet zu sein, wäre ein Fünf- oder Sechskanal-Empfänger zu wählen. Solche Empfänger sind Differential-GPS-tauglich. Mit Differential-GPS ist es in der Zukunft möglich, Präzisionsanflüge durchzuführen. DGPS könnte mittelfristig auch das ILS ablösen.

Bauvorschriften

Wird eine GPS-Anlage in ein Flugzeug fest eingebaut, muß es nach der amerikanischen Luftfahrt-Bauvorschrift DO-160 C gebaut sein und der Technical Standard Order TSO C 129 entsprechen. Diese Kennzeichnung muß auch auf dem Typenschild stehen. Die Bauvorschrift gewährlei-

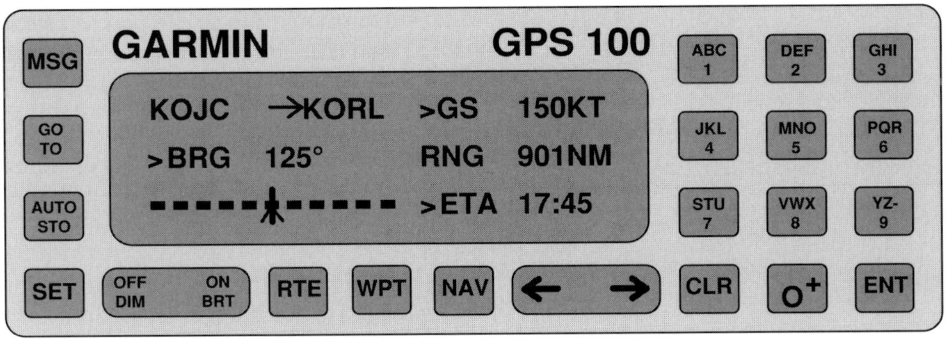

Typische LCD-Anzeige und Tastatur-Layout bei einem GARMIN GPS-Luftfahrt-Empfänger GPS 100 AVD.

stet, daß die Anlage bei den luftfahrttypischen Beanspruchungen sicher arbeitet.

Einbau

Da der Einbau spezielles Fachwissen erfordert, darf er nur von einem LBA-anerkannten luftfahrttechnischen Betrieb vorgenommen werden. Dies gilt besonders auch für den Einbauort der Antenne. Bei einer Plazierung im Cockpit oder an falscher Stelle der Außenhaut wird erheblich der Signalempfang beeinträchtigt.

Behördliche Zulassung

Wichtig ist weiter, daß die Anlage postalisch zugelassen (BZT) ist, oder daß diese Zulassung beantragt wurde. Obwohl bisher noch keine Anlage vom Luftfahrtbundesamt zugelassen wurde, ist eine solche BZT-Zulassung Voraussetzung für eine spätere LBA-Zulassung.

Systemzuverlässigkeit

Entsprechend den Planungen des Department of Defence (DOD) sollen alle 24 Satelliten im Laufe des Jahres 1993 in den Orbit gebracht sein. Damit wäre das System vollständig ausgebaut. Zum Zeitpunkt des Druckes dieses Handbuches waren 23 GPS-Satelliten im Orbit.

GPS-Checklists für Abenteurer, Rallyefahrer und Skipper

Handfeste und pragmatische Tips für den Kauf eines GPS-Empfängers für den Freizeitbereich gibt Klaus Därr (Därr Expeditionsservice, München) in seinem Erlebnisreise-Katalog. "Den besten GPS-Empfänger gibt es nicht. Es wird vielmehr immer darauf ankommen, was Sie damit vorhaben!" In zwei praxisorientierten Checklist faßt Därr die Kriterien für den Kauf eines GPS-Empfängers zusammen:

- Möchten Sie als Rallyefahrer der vorgegebenen Strecke des Roadbooks folgen?

- Möchten Sie als Hundeschlittenfahrer Ihre Durchschnittsgeschwindigkeit wissen?

- Möchten Sie als Paraglider Ihre Höhe über Grund und Geschwindigkeit wissen?

- Möchten Sie beim Kamelritt in der Wüste den Weg zurück ins Lager wissen?

• Möchten Sie als Extrembergsteiger Ihre ungefähre Höhe und den Weg zum Basislager wissen?

• Möchten Sie als Skipper eine "Mann-über-Bord"-Taste haben?

• Möchten Sie auch in einem lichten Wald, in Schluchten und Städten noch Ihre Position bestimmen können?

• Möchten Sie als Privatflieger die Entfernung und Richtung zum nächstliegenden Verkehrslandeplatz wissen?

Bei diesen von Klaus Därr formulierten Fragen an den potentiellen GPS-Gerätebesitzer ist bereits erkennbar, daß die Auswahl des richtigen GPS-Empfängers von vielen Faktoren abhängig ist. Es ist daher empfehlenswert, sich vor dem Kauf eingehend mit den verschiedenen Geräte-Leistungsklassen und -Features auseinanderzusetzen, um nicht nach dem Kauf feststellen zu müssen, daß sich der angeschaffte GPS-Empfänger doch nicht für den beabsichtigten Einsatzzweck eignet.

Auch die technischen Daten und Merkmale eines GPS-Empfängers spielen dabei eine entscheidende Rolle.

Zum Abschluß dieses Abschnitts deswegen eine weitere Kriterienliste (in alphabetischer Reihenfolge) aus dem GPS-Ratgeber von Klaus Därr.

• Antennen-Dimensionen (ext. Antenne)
• Betriebsdauer mit Batterien/Akkus
• BZT-Zulassung
• Display mit 2-4 Zeilen oder Grafikdisplay
• Display-Lesbarkeit
• Genauigkeit
• Gerätetyp: Hand-Held oder Festeinbau
• Gewicht
• Handbuch in Deutsch
• Kanal-Zahl
• Lieferumfang, Zubehör
• Preis
• Schnittstellen-Zahl und -Art
• Schwimmfähigkeit
• Tastatur-Ergonomie
• Wasserdichtigkeit
• Waypoints/Routen

GPS-Empfänger mit Abbildungen und technischen Daten

Auf den folgenden Seiten werden einige GPS-Empfänger für die Luftfahrt, die Seefahrt und den landgebundenen Einsatz vorgestellt. Die technischen Daten der Geräte stammen aus Veröffentlichungen der Gerätehersteller. Hierzu sind allerdings einige Anmerkungen erforderlich.

Gerätetyp

Vor den "Basisdaten" haben wir den jeweiligen Gerätetyp in einem kurzen Satz vorgestellt, wobei wir zur schnellen Orientierung den Empfänger nach folgenden Kriterien klassifiziert haben:

GPS-REC > GPS-Receiver > GPS-Komplettgerät, bestehend aus GPS-Control Display Unit und GPS-Empfangsteil (Sensor) in einem Gehäuse. Die Antenne ist bei portablen GPS-REC meistens eingebaut, optional kann häufig auch eine externe Antenne angeschlossen werden. Bei stationären Geräten (Einbaugeräte) wird eine externe Antenne angeschlossen.

GPS-CDU > GPS-Control Display Unit > Separates GPS-Anzeige/Bedienteil, an das ein GPS-Sensor angeschlossen wird.

GPS-SENS > GPS-Sensor > Separates GPS-Empfangsteil zum Anschluß an eine GPS-CDU oder ein FMS.

GPS-ANT/SENS > GPS-Antenne mit eingebautem GPS-Sensor zum Anschluß an eine GPS-CDU oder ein FMS.

Abmessungen

Unterschiedlich sind auch Herstellerangaben bei den Abmessungen, wenn es sich um GPS-Empfänger handelt, die aus GPS-CDU und GPS-SENSOR bestehen. Ob die Abmessungen die GPS-CDU oder den GPS-Sensor betreffen, haben wir bei den Basisdaten vermerkt.

Betriebsbedingungen

Angaben über die Betriebsbedingungen (Betriebs- und Lagertemperatur, Feuchtigkeit) findet man nicht bei allen Empfängern. Besonders bei Empfängern für die Seefahrt und die Landnavigation sind die Daten oft nicht vollständig. Unter den Empfängern für die Seefahrt aber gibt es häufig Geräte, die wasserdicht versiegelt sind. Empfänger für den Einsatz unter kritischen Umgebungsbedingungen (Luftfahrt, geodätische Empfänger usw.) aber enthalten Werte über die Betriebsbedingungen.

Zahl der Kanäle

Es werden GPS-Empfänger mit unterschiedlicher Kanalzahl angeboten. Die Positionsanzeige ist jedoch bei allen Geräten gleich. Wichtig ist, daß für eine 3D-Position vier Satelliten gleichzeitig empfangen werden müssen. Um dies zu erreichen, gibt es zwei Techniken: Mehrere parallel arbeitende Kanäle (jeder Kanal sucht sich einen Satelliten) und Einkanal-Empfänger, die nach dem Multiplex-Verfahren (der Kanal schaltet extrem schnell zwischen den einzelnen Satelliten hin und her) arbeiten. Wenn es nicht um hochpräzise Messungen geht, macht sich dieser Unterschied bezüglich der Genauigkeit und der Geschwindigkeit in der Praxis nicht bemerkbar.

Genauigkeit

Bei den technischen Daten mancher GPS-Empfänger fehlen zum Teil bei den Herstellerangaben die Werte über die Genauigkeit bei der Positionsbestimmung. Hier haben wir allgemeine Standardwerte für GPS-Empfänger unter SA-Bedingungen (SA = Selective Availability) eingesetzt. Die meisten Hersteller jedoch haben gerätespezifische Genauigkeitswerte ohne SA angegeben.

In diesem Fall haben wir ebenfalls diese Werte auf die Standardwerte geändert. Ausgenommen davon waren die GPS-Empfänger, die aufgrund ihrer technisch aufwendigen Konzeption (geodätische Empfänger, DGPS-Empfänger, Referenzstationen) auch unter SA optimale Positionsangaben liefern.

Dynamik

Hier wurden bei einigen GPS-Empfängern (besonders für Seefahrt und Landnavigation) häufig keine Werte für die Dynamik angegeben, da diese Größe, anders als bei der Luftfahrt, in diesen Bereichen relativ unbedeutend ist.

Anzeigen, Funktionen, Merkmale

Unter "Anzeigen, Funktionen, Merkmale" sind die sogenannten "Features" der Geräte aufgelistet, wobei darunter technische und/oder softwareseitige Besonderheiten zu verstehen sind. Da inzwischen nahezu alle GPS-Empfänger über umfangreiche Navigationsprogramme verfügen, ist unter diesem Abschnitt auch vermerkt, ob es sich um spezielle NAV-Software handelt, die für Luftfahrt, Seefahrt oder allgemeine navigatorische Aufgaben ausgelegt ist. Wesentliche Merkmale bei der NAV-Software, wie z.B. Anzahl der Waypoints, der Routen oder der Einsatz von speziellen Databases wurden ebenfalls aufgeführt.

Allgemeine Betriebserlaubnis

Da GPS-Geräte Funkempfänger sind, müssen sie in Deutschland postzugelassen sein (BZT-Nummer). Wir haben wegen zum Teil schwebender Zulassungsverfahren bei keinem der GPS-Empfänger vermerkt, ob er postzugelassen ist oder nicht. Der Besitz von GPS-Empfängern ohne BZT-Nummer ist erlaubt, der Betrieb jedoch nicht. Geräte ohne BZT-Nummer sind nur für den Export oder die Verwendung außerhalb Deutschlands zugelassen. Da sich jedoch im Rahmen der europaweiten Zulassungsverfahren Harmonisierungen abzeichnen, ist gerade bei diesen Vorschriften mit Änderungen zu rechnen.

Preise

GPS-Empfänger werden (wie die meisten elektronischen Geräte seit vielen Jahren) eher billiger als teurer. Erfahrungsgemäß können die Preise aber auch steigen, wenn z.B. der Wechselkurs des US-Dollar zur DM steigt. Der Markt ist also in einer ständigen Bewegung. Aus diesen Gründen haben wir davon abgesehen, die Ladenpreise der einzelnen GPS-Empfänger zu nennen. In Kapitel 2 dieses Handbuches haben wir jedoch kurz die Preis-Kategorien für die Empfänger-Klassen angesprochen.

Akronyme

Eine Auflistung der in den Daten der GPS-Empfänger verwendeten Akronyme (z.B. bei den NAV-Anzeigen) folgt auf der nächsten Seite. Ausführliche Informationen zu diesen Abkürzungen sind im Glossar in Kapitel 4 enthalten.

Akronyme der Display-Anzeigen

Spezielle Luftfahrt-Akronyme

AD	Aerodrome
APPR	Approach
APT	Airport
DEN	Density Altitude
ETD	Estimated Time of Departure
EET	Estimated Elapsed Time
ETO	Estimated Time of Overfly
FLPL	Flight Plan
IAS	Indicated Air Speed
POS 3D	Position 3-Dimensions
TAS	True Air Speed
TH	True Heading

Spezielle Seefahrt-Akronyme

CMG	Course Made Good
COG	Course Over Ground
CTS	Course To Steer
DMG	Distance Made Good
MOB	Man Over Board
SOG	Speed Over Ground
TTG	Time To Go
VMG	Velocity Made Good
VOG	Velocity Over Ground

Allgemeine Akronyme

ALM	Alarm
ALT	Altitude
ANT	Antenna
BAT	Battery
BRG	Bearing
BRG WPT	Bearing zum Waypoint
CDI	Course Deviation Indicator
CPA	Closest Point of Approach
CRS	Course
DEST	Destination
DIR	Direction
DIST	Distance
DT	Desired Track
EAT	Expected Appraoch Time
ETA	Estimated Time of Arrival
ETE	Estimated Time Enroute
FROM	From
FT	Feet
GS	Ground Speed
GT	Ground Track
HDG	Heading
LAT	Latitude
LON	Longitude
KT(S)	Knot(s)
MAP	Mapping
MH	Magnetic Heading
MPH	Miles Per Hour
NAV	Navigation
NEXT	Next Waypoint
NM	Nautical Miles
NWPT	Next/Nearest Waypoint
OFF	Offset
POS	Position
POS 2D	Position 2-Dimensions
RES	Reset
RMS	Root Mean Square
RNG	Range
RR	Reverse Route
RTE	Route
SATSTAT	Satellite Status
STAT	Satellite-Status
SPD	Speed
SR	Sunrise
SS	Sunset
TMR	Timer
TO	To
TT	True Track
TTS	Time To Station
URA	User Range Accuracy
VAR	Variation
WPT	Waypoint
XTE	Cross Track Error

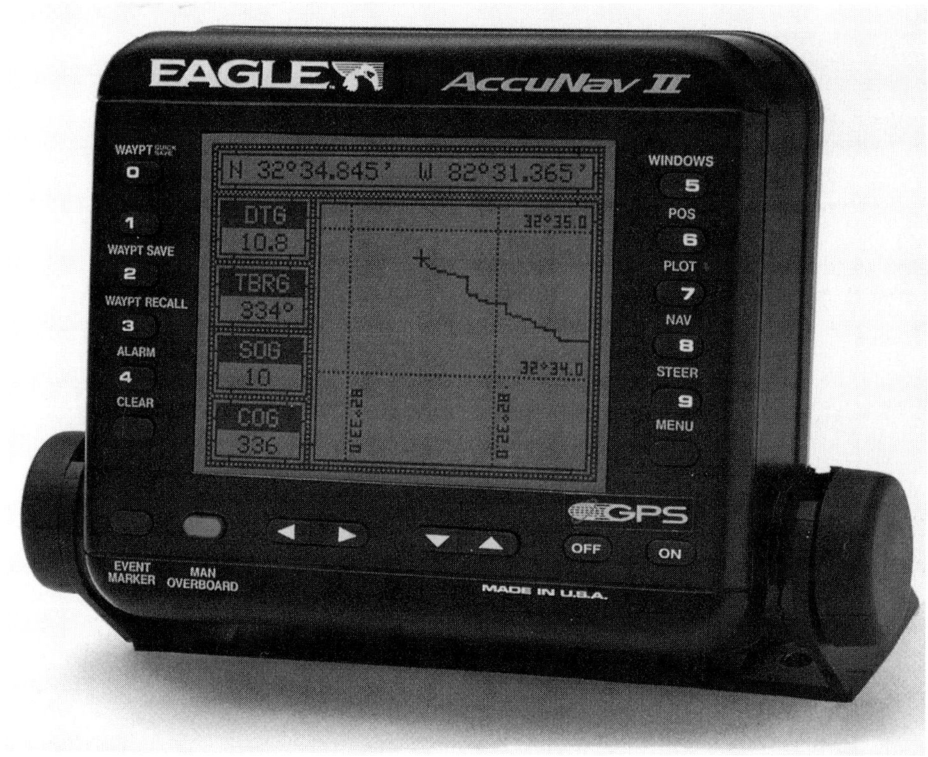

Eagle Accunav II

GERÄTETYP
Wasserdichte GPS-CDU mit GPS-ANT/SENS für die Seefahrt mit grafischer Darstellung auf Plotter- und Steuerdisplay.

BASISDATEN
Maße (B x H x T) > 19,5 x 15,0 x 10 cm
Gewicht > k.A.
Betriebstemperatur > k.A.
Lagertemperatur > k.A.
Relative Feuchtigkeit > k.A.
Anschlüsse > NMEA 0180/0183
Stromversorgung > 12 V (9-15 V); 2,9 W
Display > Beleuchtbarer LCD-Bildschirm mit 128 x 160 Pixel

EMPFÄNGER
Frequenz / Kanäle > L1 C/A-Code / 5 Kanäle
Genauigkeit > 100 m RMS (mit SA)
Dynamik > k.A.
Akquisitionszeit > unter 30 Sekunden (Warmstart)
Aktualisierungszeit > 1 Sekunde
Antenne > extern mit eingebautem Empfangsteil und 7,5 m Kabel

ANZEIGEN, FUNKTIONEN, MERKMALE
Seefahrt-NAV-Modi; 200 WPT, 20 RTE mit je 12 WPT; grafisches NAV-, POS- und Steuerdisplay.

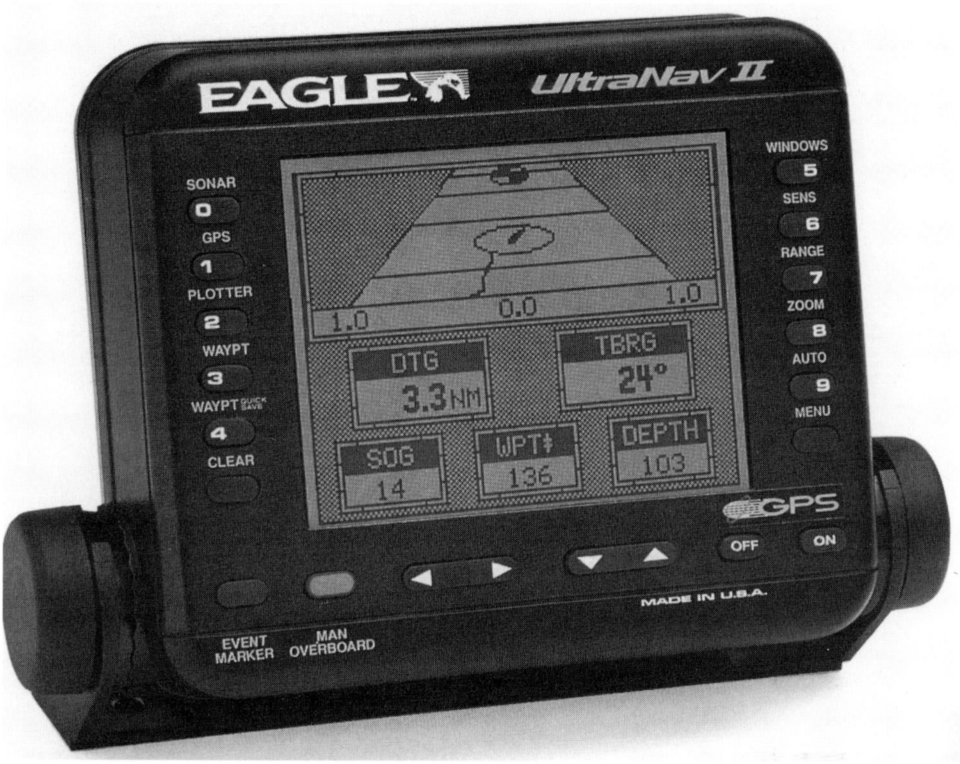

Eagle
Ultranav II

GERÄTETYP
Wasserdichte GPS-CDU mit GPS-ANT/SENS für die Seefahrt, Grafikecholot und Fischfinder in einem Gerät.

BASISDATEN
Maße (B x H x T) > 19,5 x 15,0 x 10,0 cm
Gewicht > k.A.
Betriebstemperatur > k.A.
Lagertemperatur > k.A.
Relative Feuchtigkeit > k.A.
Anschlüsse > NMEA 0180/0183
Stromversorgung > 12 V (9-15V), 3 W
Display > Beleuchtbarer LCD-Bildschirm mit 128 x 160 Pixel

EMPFÄNGER
Frequenz / Kanäle > L1 C/A-Code / 5 Kanäle
Genauigkeit > 100 m RMS (mit SA)
Dynamik > k.A.
Akquisitionszeit > unter 30 Sekunden (Warmstart)
Aktualisierungszeit > 1 Sekunde
Antenne > extern mit eingebautem Empfangsteil und 7,5 m Kabel

ANZEIGEN, FUNKTIONEN, MERKMALE
Seefahrt-NAV-Modi; 200 WPT, 20 RTE mit je 12 WPT; NAV-, POS- und Steuerdisplay.

Furuno
GP 50

GERÄTETYP
Spritzwassergeschützte GPS-CDU mit GPS-SENS für die Seefahrt.

BASISDATEN
Maße (B x H x T) > 20,8 x 13,3 x 6,4 cm
Gewicht > k.A.
Betriebstemperatur > -25° bis + 70° C (Antenneneinheit), -15° bis +55° C (Bediengerät)
Lagertemperatur > k.A.
Relative Feuchtigkeit > Spritzwasserschutz
Anschlüsse > NMEA 0183
Stromversorgung > 10 - 35 VDC, Leistungsaufnahme unter 7 W
Display > Weitwinkel-LCD-Bildschirm mit Beleuchtung, 4-zeilig, 16 Zeichen/Zeile

EMPFÄNGER
Frequenz / Kanäle > L1 C/A-Code / 8 Kanäle
Genauigkeit > 100 m 2D RMS (mit SA)
Dynamik > Geschwindigkeit 0 bis 250 KTS
Akquisitionszeit > 45 Sekunden
Aktualisierungszeit > 1 Sekunde
Antenne > extern mit 15 m Kabel

ANZEIGEN, FUNKTIONEN, MERKMALE
Seefahrt-NAV-Modi; 150 WPT, 10 RTE mit je 10 WPT; Alarmfunktionen.

Furuno
GP 70

GERÄTETYP
Spritzwassergeschützte GPS-CDU mit GPS-SENS für die Seefahrt (Aluminiumgehäuse).

BASISDATEN
Maße (B x H x T) > 23,6 x 15,6 x 10,0 cm (CDU)
Gewicht > 3.000 g (CDU), 500 g (ANT)
Betriebstemperatur > k.A.
Lagertemperatur > k.A.
Relative Feuchtigkeit > k.A.
Anschlüsse > NMEA 0180/0183, Furuno
Stromversorgung > 10 - 40 VDC, Leistungsaufnahme unter 10 W
Display > Weitwinkel-LCD-Bildschirm mit Beleuchtung, mehrzeilig, Abmessungen 10,0 x 8,7 cm

EMPFÄNGER
Frequenz / Kanäle > L1 C/A-Code / 2 Kanäle
Genauigkeit > 100 m 2D RMS (mit SA)
Dynamik > Geschwindigkeit 0 bis 250 KTS
Akquisitionszeit > k.A.
Aktualisierungszeit > 1 Sekunde
Antenne > extern mit 15 m Kabel

ANZEIGEN, FUNKTIONEN, MERKMALE
Seefahrt-NAV-Modi; 100 WPT, 10 RTE mit je 10 WPT; Alarmfunktionen.

Furuno GP 500

GERÄTETYP
GPS-CDU mit GPS-SENS für die Seefahrt.

BASISDATEN
Maße (B x H x T) > 25,0 x 11,5 x 20,0 cm
Gewicht > 4.000 g (CDU), 2.000 g (ANT)
Betriebstemperatur > k.A.
Lagertemperatur > k.A.
Relative Feuchtigkeit > k.A.
Anschlüsse > NMEA oder RS 232C wahlweise, Furuno
Stromversorgung > 10 - 40 VDC, Leistungsaufnahme 18 W
Display > Weitwinkel-LCD-Bildschirm mit Beleuchtung, mehrzeilig, Abmessungen 24,0 x 6,4 cm

EMPFÄNGER
Frequenz / Kanäle > L1 C/A-Code / 2 Kanäle
Genauigkeit > 100 m 2D RMS (mit SA)
Dynamik > Geschwindigkeit 0 bis 100 KTS
Akquisitionszeit > k.A.
Aktualisierungszeit > 1 Sekunde
Antenne > extern mit 15 m Kabel

ANZEIGEN, FUNKTIONEN, MERKMALE
Seefahrt-NAV-Modi; 100 WPT, 10 RTE mit je 10 WPT; Alarmfunktionen; verschiedene Sensoren neben dem GPS-SENS anschließbar (LORAN, Gyro, Speed Log).

Garmin GPS 50

GERÄTETYP

Portabler Hand-Held GPS-REC für die Seefahrt.

BASISDATEN

Maße (B x H x T) > 8,2 x 12,5 x 3,7 cm (ohne BAT), 8,2 x 15,9 x 3,7 cm (mit BAT)
Gewicht > 400 g (ohne BAT), 550 g (mit BAT)
Betriebstemperatur > -15° bis +70° C
Lagertemperatur > k.A.
Relative Feuchtigkeit > k.A.
Anschlüsse > NMEA 0180/0183
Stromversorgung > 4 AA-Batterien, wiederaufladbares Batterie-Pack oder 5-40 VDC, Leistungsaufnahme 1,1 W
Display > Hochkontrast-LCD-Bildschirm mit Beleuchtung, 3-zeilig, 10 Zeichen/Zeile

EMPFÄNGER

Frequenz / Kanäle > L1 C/A-Code / 1 Kanal Multiplexer (Garmin-MultiTrac)
Genauigkeit > 100 m 2D RMS (mit SA), Geschwindigkeit 0,1 KT RMS
Dynamik > Geschwindigkeit k.A., Beschleunigung 3 g
Akquisitionszeit > Warmstart 15 Sekunden, Kaltstart 2 Minuten
Aktualisierungszeit > 1 Sekunde
Antenne > eingebaut (extern optional)

ANZEIGEN, FUNKTIONEN, MERKMALE

Seefahrt-NAV-Modi; 250 WPT, 10 RTE (RR) mit je 9 WPT; NWPT; Alarmfunktionen, umfangreiches Zubehör mit optionaler Ausstattung.

Garmin GPS 55 AVD

GERÄTETYP
Portabler Hand-Held GPS-REC für die Luftfahrt mit integrierter Database.

BASISDATEN
Maße (B x H x T) > 8,1 x 12,5 x 3,8 cm (ohne BAT), 8,1 x 16,3 x 3,8 cm (mit BAT)
Gewicht > 400 g (ohne BAT), 510 g (mit BAT)
Betriebstemperatur > -15° bis +70° C
Lagertemperatur > k.A.
Relative Feuchtigkeit > k.A.
Anschlüsse > NMEA 0180/0183
Stromversorgung > 4 AA Batterien oder 5-40 VDC, Leistungsaufnahme 1,1 W
Display > Hochkontrast-LCD-Bildschirm mit Beleuchtung, 3-zeilig, 10 Zeichen/Zeile

EMPFÄNGER
Frequenz / Kanäle > L1 C/A-Code / 1 Kanal Multiplexer (Garmin-MultiTrac)
Genauigkeit > 100 m 2D RMS (mit SA), Geschwindigkeit 0,1 KT RMS
Dynamik > Geschwindigkeit 1.000 KTS, Beschleunigung 3 g
Akquisitionszeit > Warmstart 15 Sekunden, Kaltstart 2 Minuten
Aktualisierungszeit > 1 Sekunde
Antenne > eingebaut und extern

ANZEIGEN, FUNKTIONEN, MERKMALE
Luftfahrt-NAV-Modi; 250 WPT, 9 RTE (RR) mit je 9 WPT; NWPT; Alarmfunktionen; Database integriert, wahlweise USA-Database oder internationale Database; umfangreiches Zubehör mit optionaler Ausstattung.

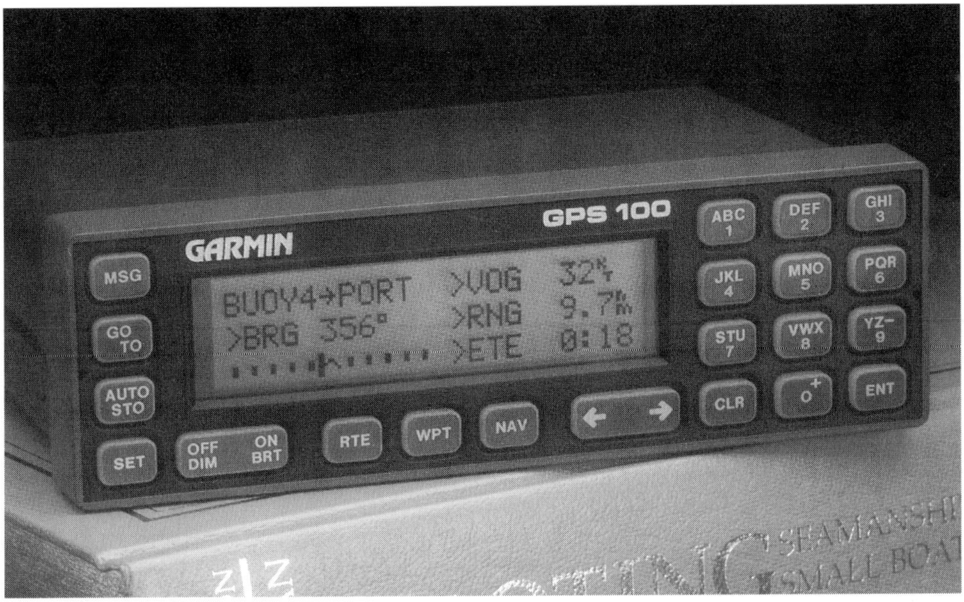

Garmin GPS 100 AVD

GERÄTETYP

Portabler GPS-REC für die Luftfahrt mit integrierter Database und Einbaumöglichkeit in ein Flugzeug-Panel.

BASISDATEN

Maße (B x H x T) > 15,9 x 5,1 x 10,0 cm
Gewicht > 710 g
Betriebstemperatur > -15° bis +70° C
Lagertemperatur > -40° bis +70° C
Relative Feuchtigkeit > 95%, kondensationsfrei
Anschlüsse > RS 232C, CDI, Autopilot, Moving Map Display (MMD)
Stromversorgung > 6 AA-Batterien, wiederauflladbare Ni-Cad-BAT oder 10-40 VDC
Display > Hochkontrast-LCD-Bildschirm mit Beleuchtung, 3-zeilig, 22 Zeichen/Zeile

EMPFÄNGER

Frequenz / Kanäle > L1 C/A-Code / 1 Kanal Multiplexer (Garmin-MultiTrac)
Genauigkeit > 100 m 2D RMS (mit SA), Geschwindigkeit 0,1 KT RMS
Dynamik > Geschwindigkeit 695 KTS, Beschleunigung 3 g
Akquisitionszeit > unter 2 Minuten für POS 2D; 2,5 Minuten für POS 3D
Aktualisierungszeit > 1 Sekunde
Antenne > extern

ANZEIGEN, FUNKTIONEN, MERKMALE

Luftfahrt-NAV-Modi; 250 WPT, 10 RTE (RR); Alarmfunktionen; internationale Database; umfangreiches Zubehör mit optionaler Ausstattung. Der GPS 100 AVD ist auch in einer Seefahrt-Version als GPS 100 MRN erhältlich.

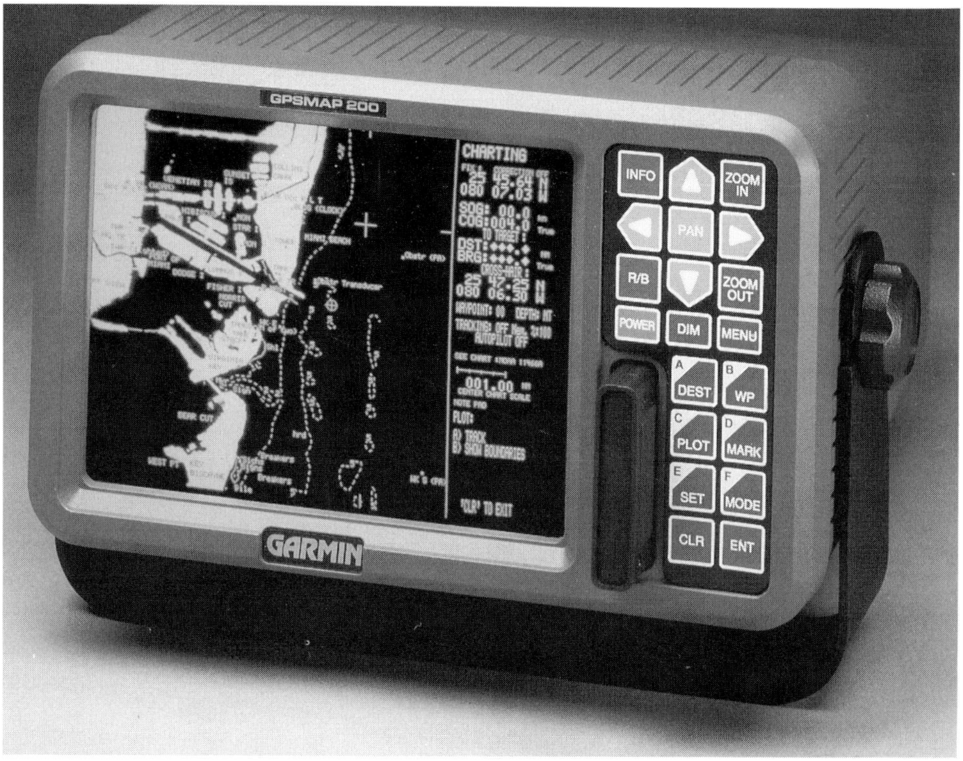

Garmin GPSMAP 200

GERÄTETYP
Stationärer GPS-REC mit hochauflösendem 8-Zoll-Bildschirm.

BASISDATEN
Maße (B x H x T) > 23,5 x 14,3 x 21 cm
Gewicht > k.A.
Betriebstemperatur > k.A.
Lagertemperatur > k.A.
Relative Feuchtigkeit > k.A.
Anschlüsse > NMEA 0182/0183; RS 232C
Stromversorgung > 10-40 VDC, Leistungsaufnahme 14 W
Display > Hochauflösender 8-Zoll-Bildschirm (20 cm Durchmesser)

EMPFÄNGER
Frequenz / Kanäle > L1 C/A-Code / 1 Kanal-Multiplexer (Garmin-MultiTrac)
Genauigkeit > 100 m 2D RMS (mit SA)
Dynamik > Beschleunigung 3 g
Akquisitionszeit > k.A.
Aktualisierungszeit > k.A.
Antenne > extern mit 10 m Kabel

ANZEIGEN, FUNKTIONEN, MERKMALE
1 RTE mit 40 WPT; Technologie entsprechend der in "Desert Storm" eingesetzten Empfänger; Cartridges mit digitalen Karten können eingelesen werden (Datenformat C-MAP).

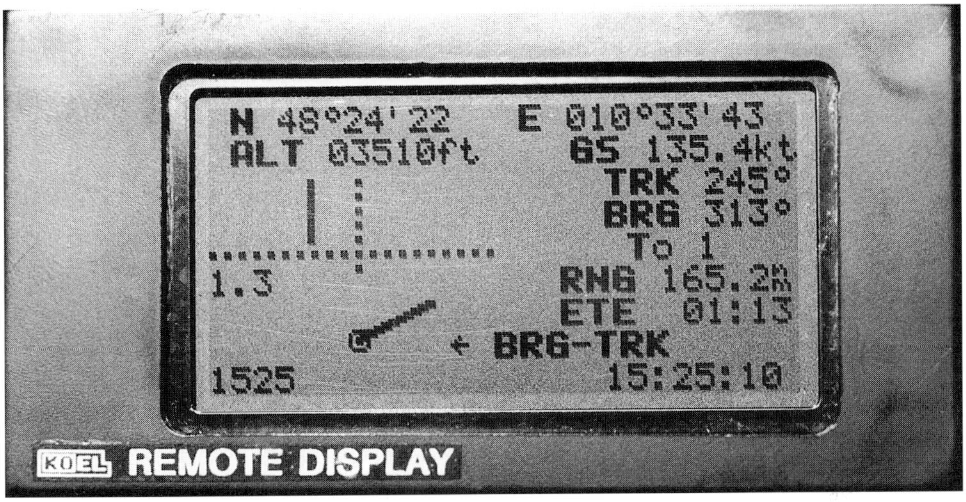

Koel
GPS Remote Display

GERÄTETYP
GPS-CDU für den Anschluß an GPS-Sensoren.

BASISDATEN
Maße (B x H x T) > 12,0 x 6,5 x 4,0 cm
Gewicht > 450 g
Betriebstemperatur > k.A.
Lagertemperatur > k.A.
Relative Feuchtigkeit > k.A.
Anschlüsse > Spezial-Eingang für GPS-Sensor (z.Zt. nur Garmin)
Stromversorgung > 8-28 VDC, Leistungsaufnahme 0,1 Ampere
Display > Grafischer LCD-Bildschirm mit einer Netto-Displayfläche von (Breite x Höhe) 6,7 x 3,2 cm.

EMPFÄNGER
Das KOEL Remote Display KRD kann an verschiedene GPS-Empfänger mit passendem Ausgang angeschlossen werden. Angepaßt ist das Display z.Zt. nur an Empfänger von Garmin (Garmin-Kupplung/Remote-Display-Kupplung). Entsprechend sind die NAV-Darstellungen auch von den Vorgaben der Garmin-Empfänger abhängig.

ANZEIGEN, FUNKTIONEN, MERKMALE
Luftfahrt-NAV-Informationen; CDI, QDM, Moving Micro Map; spezielle Flugplatzdaten. Das Remote Display erfordert nur eine minimale Bedienung, weil lediglich zwischen MAP-Mode und APPR-Mode umgeschaltet werden muß. Eine aufwendige Bedienung des GPS-Empfängers ist nicht erforderlich. Geplant sind in der zweiten Generation Displays für den Einbau (80 mm Flugzeug-Instrumente) und mit größerem LCD-Anzeigefeld.

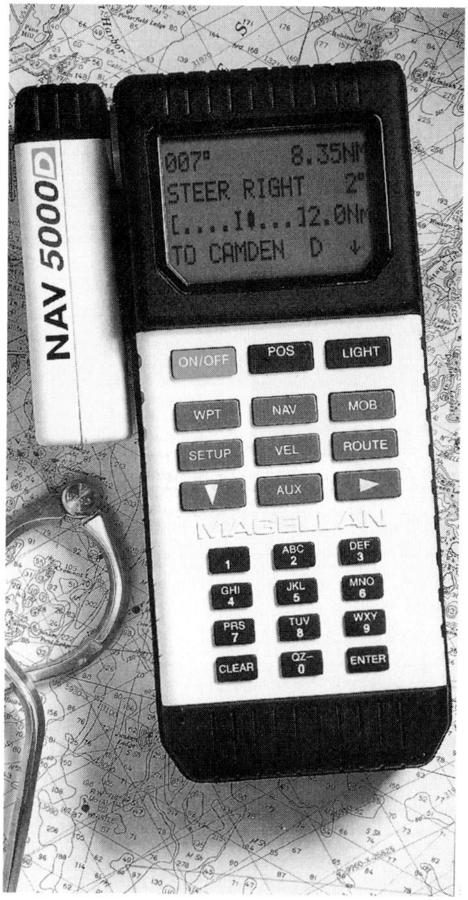

Magellan NAV 5000 D

GERÄTETYP
Mobil und stationär einsetzbarer GPS-REC für die Seefahrt, wasserdicht und schwimmfähig, DGPS-fähig.

BASISDATEN
Maße (B x H x T) > 8,9 x 22,2 x 5,4 cm
Gewicht > 850 g
Betriebstemperatur > -10° bis +60° C
Lagertemperatur > -40° bis +70° C
Relative Feuchtigkeit > k.A.
Anschlüsse > NMEA 0180/0183; RTCM SC-104 für Differential-Korrekturen
Stromversorgung > 9-35 VDC; Ni-Cad-BAT (Pack) 5 Stunden und Alkaline-BAT (6 AA) 10 Stunden ununterbrochene Betriebsdauer; Leistungsaufnahme (unbeleuchtet) 175 mA; 12-V-Anschluß
Display > LCD-Bildschirm mit Beleuchtung, 4-zeilig, 16 Zeichen/Zeile

EMPFÄNGER
Frequenz / Kanäle > L1 C/A-Code / 5 Kanäle
Genauigkeit > 100 m 2D RMS (mit SA); DGPS-Genauigkeit 5-10 m
Dynamik > Geschwindigkeit 825 KTS, Beschleunigung 2 g
Akquisitionszeit > 35 Sekunden (Warmstart), 55 Sekunden Kaltstart
Aktualisierungszeit > 1 Sekunde
Antenne > eingebaut (externe optional)

ANZEIGEN, FUNKTIONEN, MERKMALE
Seefahrt-NAV-Modi; 100 WPT, 10 RTE (RR) mit je 20 CRS; CDI; Daten auch in deutscher Sprache abrufbar; optional ist ein separater DGPS-Korrekturdaten-Empfänger (Magellan DBR-Box) erhältlich.

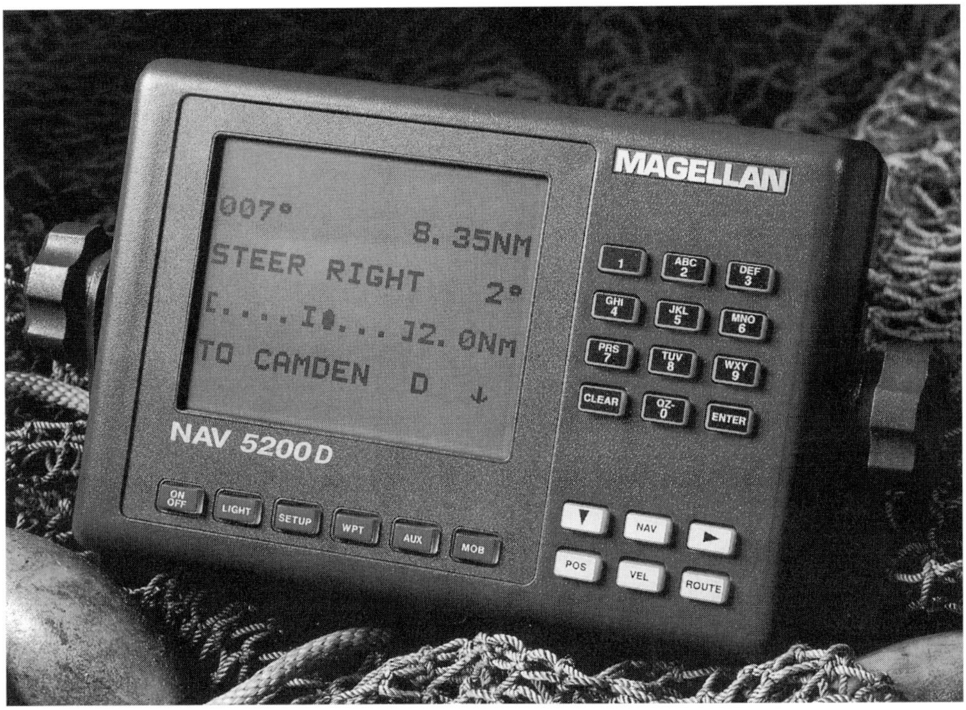

Magellan NAV 5200 D

GERÄTETYP
Stationärer, spritzwassergeschützter GPS-REC für die Seefahrt, DGPS-fähig.

BASISDATEN
Maße (B x H x T) > 21,3 x 14,6 x 6,1 cm
Gewicht > 1.810 g
Betriebstemperatur > -10° bis +50° C
Lagertemperatur > -40° bis +70° C
Relative Feuchtigkeit > k.A.
Anschlüsse > NMEA 0180, 0183; RTCM SC-104 für Differential-Korrekturen
Stromversorgung > 9-35 VDC, Leistungsaufnahme (unbeleuchtet) 375 mA bei 12 V
Display > Supertwist-LCD-Bildschirm mit Beleuchtung, 4-zeilig, 16 Zeichen/Zeile

EMPFÄNGER
Frequenz / Kanäle > L1 C/A-Code / 5 Kanäle
Genauigkeit > 100 m 2D RMS (mit SA); DGPS-Genauigkeit 5-10 m
Dynamik > Geschwindigkeit 825 KTS, Beschleunigung 2 g
Akquisitionszeit > 35 Sekunden (Warmstart), 55 Sekunden Kaltstart
Aktualisierungszeit > 1 Sekunde
Antenne > extern mit 15 m Kabel

ANZEIGEN, FUNKTIONEN, MERKMALE
Seefahrt-NAV-Modi; 100 WPT, 10 RTE (RR) mit je 20 CRS; CDI; Daten auch in deutscher Sprache abrufbar; optional ist ein separater DGPS-Korrekturdaten-Empfänger (Magellan DBR-Box) erhältlich.

Magellan NAV 5200 DX

GERÄTETYP
Stationärer, spritzwassergeschützter GPS-REC für die Seefahrt, DGPS-fähig.

BASISDATEN
Maße (B x H x T) > 21,3 x 14,6 x 6,1 cm
Gewicht > 1.810 g
Betriebstemperatur > -40° bis +70° C
Lagertemperatur > k.A.
Relative Feuchtigkeit > k.A.
Anschlüsse > NMEA 0180/0183; RTCM SC-104 für Differential-Korrekturen
Stromversorgung > 9-35 VDC, Leistungsaufnahme (unbeleuchtet) 375 mA bei 12 V
Display > Supertwist-LCD-Bildschirm mit Beleuchtung, 4-zeilig, 16 Zeichen/Zeile

EMPFÄNGER
Frequenz / Kanäle > L1 C/A-Code / 5 Kanäle
Genauigkeit > 100 m 2D RMS (mit SA); DGPS-Genauigkeit 5-10 m
Dynamik > Geschwindigkeit 825 KTS, Beschleunigung 2 g
Akquisitionszeit > 35 Sekunden (Warmstart), 55 Sekunden Kaltstart
Aktualisierungszeit > 1 Sekunde
Antenne > extern mit 15 m Kabel

ANZEIGEN, FUNKTIONEN, MERKMALE
Seefahrt-NAV-Modi; 500 WPT, 10 RTE (RR) mit je 20 CRS; CDI; Daten auch in deutscher, französischer, italienischer und spanischer Sprache; hochauflösender Grafikplotter, Plotterdisplay einstellbar; optional ist ein separater DGPS-Korrekturdaten-Empfänger erhältlich.

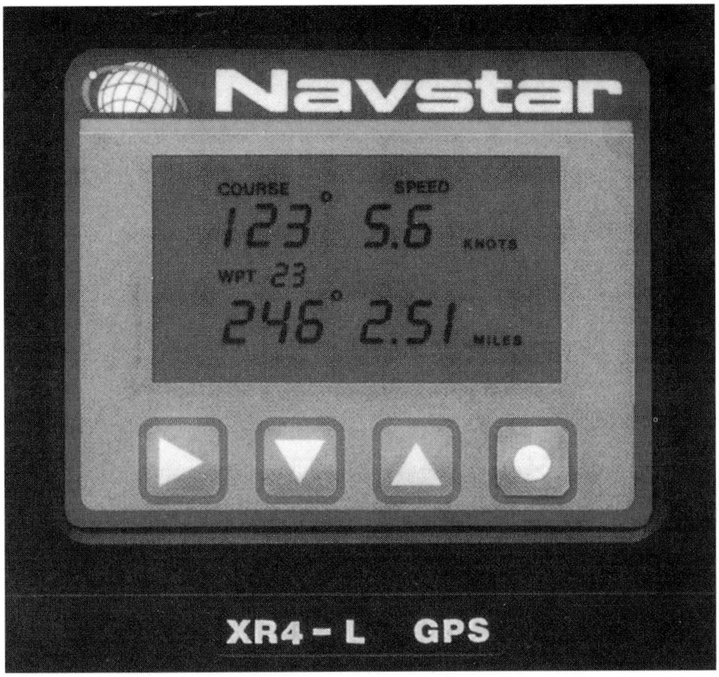

Navstar XR4 L

GERÄTETYP
Stationäre, spritzwassergeschützte GPS-CDU mit GPS-SENS für die Seefahrt.

BASISDATEN
Maße (B x H x T) > 12,7 x 12,7 x 4,7 cm
Gewicht > CDU + REC + ANT unter 2.000 g
Betriebstemperatur > -10° bis +50° C (GPS-CDU), 0° bis +55° C (GPS-SENS)
Lagertemperatur > -25° bis +85° C (GPS-CDU und GPS-SENS)
Relative Feuchtigkeit > k.A.
Anschlüsse >NMEA 0180/0183, Furuno
Stromversorgung > 12 VDC, Leistungsaufnahme unter 6 W
Display > LCD-Bildschirm mit Beleuchtung, 3-zeilig

EMPFÄNGER
Frequenz / Kanäle > L1 C/A-Code / 1 Kanal Multiplexer
Genauigkeit > 100 m 2D RMS (mit SA)
Dynamik > Geschwindigkeit 50 KTS
Akquisitionszeit > k.A.
Aktualisierungszeit > k.A.
Antenne > extern mit 6 m Kabel

ANZEIGEN, FUNKTIONEN, MERKMALE
Seefahrt-NAV-Modi; 50 WPT, 10 WPT Schnellspeicherung mit Einknopfbedienung; bis zu 5 wasserdichte Bediengeräte anschließbar; Alarmfunktionen.

Panasonic KX G5500G

GERÄTETYP

Portabler Hand-Held-GPS-REC für Seefahrt und Landnavigation.

BASISDATEN

Maße (B x H x T) > 6,5 x 13,1 x 35 cm
Gewicht > 330 g (mit BAT)
Betriebstemperatur > k.A.
Lagertemperatur > k.A.
Relative Feuchtigkeit > k.A.
Anschlüsse >NMEA 0183 (optional)
Stromversorgung > 5 x AA-Batterien, 12/24 VDC-Kabel optional
Display > LCD-Bildschirm mit Beleuchtung, 2-zeilig mit je 7 Segmenten

EMPFÄNGER

Frequenz / Kanäle > L1 C/A-Code / 5 Kanal
Genauigkeit > 100 m 2D RMS (mit SA)
Dynamik > k.A.
Akquisitionszeit > k.A.
Aktualisierungszeit > k.A.
Antenne > eingebaut (extern optional)

ANZEIGEN, FUNKTIONEN, MERKMALE

Allgemeine NAV-Modi; 99 WPT, 9 RTE (RR); spritzwassergeschützt; besonders kleiner und handlicher GPS-REC mit geringem Gewicht.

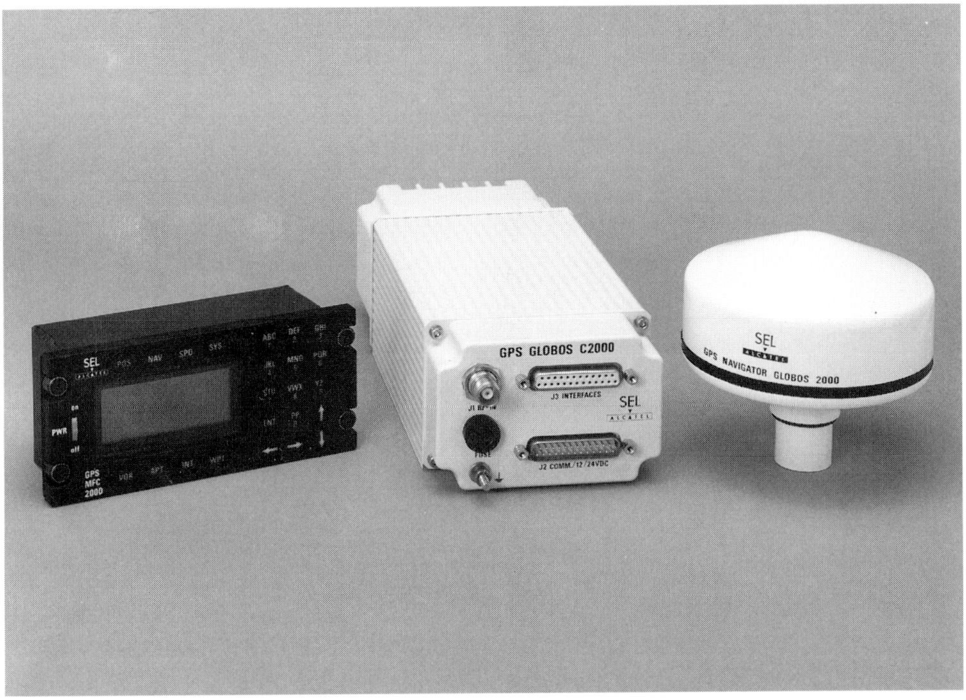

SEL/Alcatel Globos C 2000

GERÄTETYP
Mobil und stationär einsetzbarer GPS-SENS für Aufgaben in den Bereichen Navigation, Timing, Koppelnavigation, DGPS.

BASISDATEN
Maße (B x H x T) > 10,2 x 7,1 x 24,2 cm
Gewicht > ca. 1700 g
Betriebstemperatur > -20° bis +55° C
Lagertemperatur > -40° bis +85° C
Relative Feuchtigkeit > k.A.
Anschlüsse > 2 x RS 232 C; RS 422; TNC; 2 x SUB D, NMEA
Stromversorgung > 10-36 VDC, Leistungsaufnahme 12 W
Display > entfällt

EMPFÄNGER
Frequenz / Kanäle > L1 C/A-Code / 6 Kanäle
Genauigkeit > 100 m 2D RMS (mit SA)
Dynamik > Geschwindigkeit 1.850 km/h, Beschleunigung 3 g
Akquisitionszeit > 35 Sekunden
Aktualisierungszeit > 5 Sekunden
Antenne > verschiedene externe Antennen, je nach Anwendungsbereich, anschließbar

ANZEIGEN, FUNKTIONEN, MERKMALE
Messung von Pseudo Range und Trägerphase; multifunktionelles Interface (optional); On-Line-DGPS; Koppelnavigation mit Magnetkompaß, Radsensoren und Barometer; anschließbar an verschiedene GPS-CDUs und PCs.

Militärische SEL-Studie über ein C3J System der unteren Führungsebene mit den Komponenten Datenterminal DEAT, GPS-Modul Globos 2000 und VHF-Truppenfunk SEM SZS (oben).
Einbau des SEL/Alcatel MFC 2000 mit Globos C 2000 in eine Hercules 130 (unten).

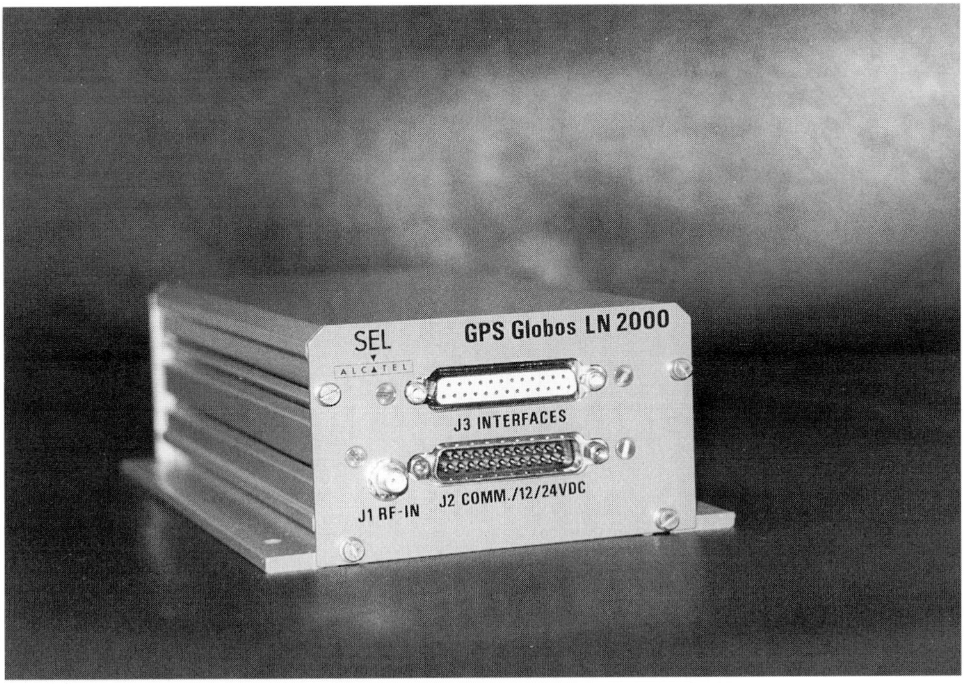

SEL/Alcatel Globos LN 2000

GERÄTETYP
Mobil und stationär einsetzbarer GPS-SENS für Luftfahrt, Seefahrt und Landnavigation.

BASISDATEN
Maße (B x H x T) > 10,0 x 6,2 x 23,0 cm
Gewicht > 1.500 g
Betriebstemperatur > -0° bis +55° C
Lagertemperatur > k.A.
Relative Feuchtigkeit > bis zu 93%, kondensationsfrei
Anschlüsse > 2 x RS 232 C
Stromversorgung > 10-36 VDC, Leistungsaufnahme 12 W
Display > entfällt, anschließbar MFC 2000; Timearc 6

EMPFÄNGER
Frequenz / Kanäle > L1 C/A-Code / 6 Kanäle
Genauigkeit > 100 m 2D RMS (mit SA)
Dynamik > Geschwindigkeit 3.000 km/h, Beschleunigung 3 g
Akquisitionszeit > 35 Sekunden
Aktualisierungszeit > 5 Sekunden
Antenne > verschiedene externe Antennen, je nach Anwendungsbereich, anschließbar

ANZEIGEN, FUNKTIONEN, MERKMALE
Messung von Pseudo Range und Trägerphase; Ausgabe von POS 3D; vertikale Geschwindigkeit; SATSTAT; Kontrolldaten.

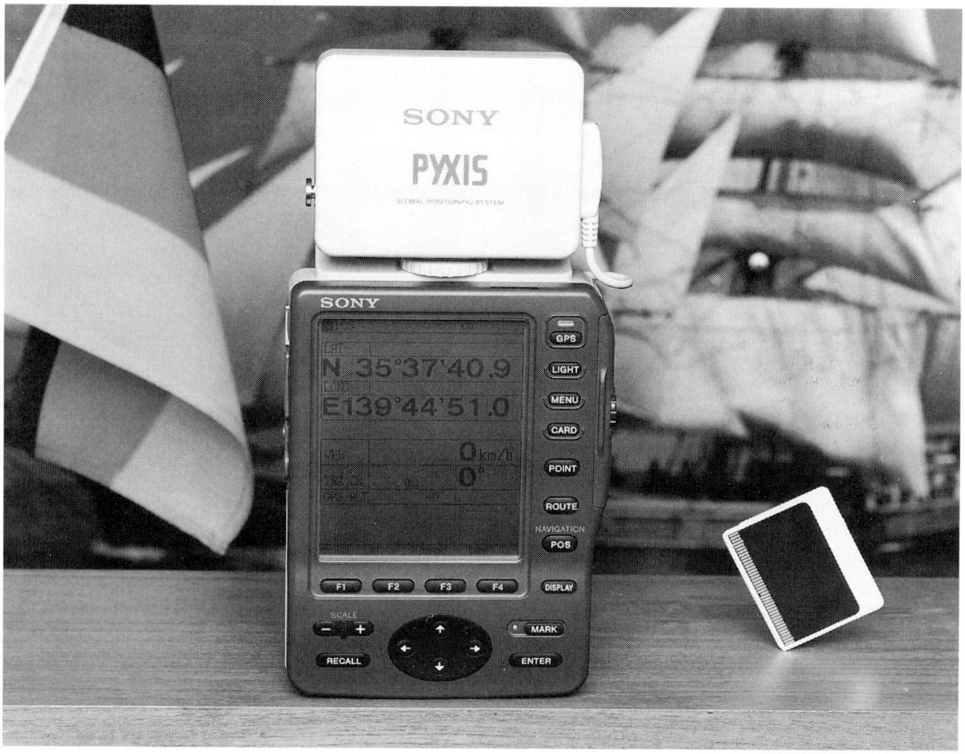

Sony IPS-760 Pyxis. Auf der "boot ´93" in Düsseldorf stellte Sony ein neues Gerät der Pyxis-Linie vor. Mit einem 8,7 x 7 cm großen s/w-Display ist dieser Prototyp der zweiten Pyxis-Generation in der Lage, die nautischen Informationen in großen, gut lesbaren Zahlen darzustellen. Darüber hinaus ist eine grafische Darstellung der geografischen Daten möglich. Das handliche Gerät verfügt über eine Antenne, die im 8-Kanal-Parallelmodus Informationen von den GPS-Satelliten empfängt. Eine weitere Neuheit, die der GPS-Prototyp in Düsseldorf zeigte, besteht aus 2 integrierten Laufwerken für IC-Karten. Von diesen Karten können digitalisierte Navigationskarten geladen oder Navigationsdaten vom aktuellen Kurs gespeichert werden. Eine Schnittstelle stellt die Verbindung zum PC daheim her. Die Bedienung des Sony-Neulings bietet den Komfort der Wahl zwischen verschiedenen Sprachen bei der Menüführung. Mit dem integrierten Power-Pack aus 6 AA-Batterien arbeitet der Prototyp bis zu 4,5 Stunden.

Sony
IPS 360 Pyxis

GERÄTETYP
Portabler GPS-REC für Seefahrt und Landnavigation.

BASISDATEN
Maße (B x H x T) > 10,0 x 17,5 x 3,9 cm
Gewicht > 560 g
Betriebstemperatur > -20° bis +50° C
Lagertemperatur > k.A.
Relative Feuchtigkeit > k.A.
Anschlüsse > k.A.
Stromversorgung > 6 VDC und 12 VDC mit unterschiedlichen Netzteilen
Display > LCD-Bildschirm mit Beleuchtung, 2-zeilig, 40 Zeichen/Zeile

EMPFÄNGER
Frequenz / Kanäle > L1 C/A-Code / 4 Kanäle
Genauigkeit > 100 m 2D RMS (mit SA)
Dynamik > Geschwindigkeit 980 km/h, Beschleunigung k.A.
Akquisitionszeit > k.A.
Aktualisierungszeit > 3 Sekunden
Antenne > eingebaut, abnehmbar, mit 10 m Kabel

ANZEIGEN, FUNKTIONEN, MERKMALE
Allgemeine NAV-Modi (Seefahrt, Land); 100 WPT; digitale RTE-Darstellung; Auto-Anschluß-kabel.

Teldix CoPilot CDU/Kartengerät (oben).

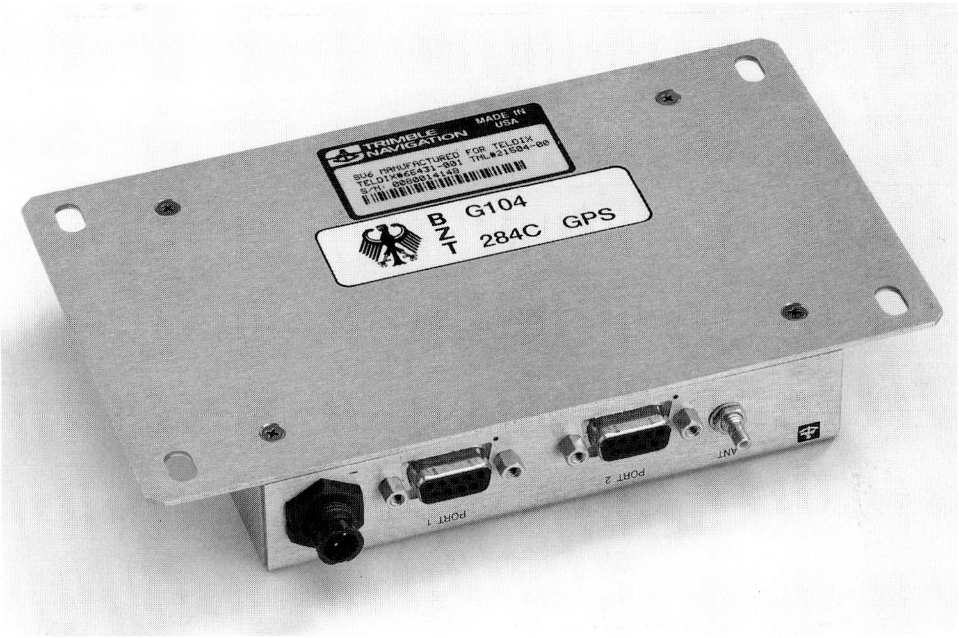

Teldix CoPilot

GERÄTETYP
Portable GPS-CDU mit Kartengerät und GPS-SENS (oben) für Luftfahrt und Landnavigation.

BASISDATEN
Maße (B x H x T) > 23,8 x 27,7 x 2,7 cm (GPS-CDU); 11,5 x 17,3 x 2,3 cm (GPS-SENS)
Gewicht > 1.300 g (GPS-CDU/Kartengerät); 300 g (GPS-SENS)
Betriebstemperatur > k.A.
Lagertemperatur > k.A.
Relative Feuchtigkeit > k.A.
Anschlüsse > RS 422; TSIP (s. Merkmale)
Stromversorgung > 9-32 VDC, Leistungsaufnahme 8 W
Display > LCD-Feld 2-zeilig, 20 Zeichen/Zeile; Spezialplatte (20,0 x 20,0 cm) mit LCD-Linienkreuz für Position und Einschub für Karten

EMPFÄNGER
Frequenz / Kanäle > L1 C/A-Code / 6 Kanäle (Trimble Sensor)
Genauigkeit > 100 m 2D RMS (mit SA)
Dynamik > Geschwindigkeit 600 KTS, Beschleunigung 4 g
Akquisitionszeit > 1,5 Minuten
Aktualisierungszeit > 1 Sekunde
Antenne > extern

ANZEIGEN, FUNKTIONEN, MERKMALE
Luftfahrt-NAV-Modi; Besonderheit: Alphanumerisches LCD-Datenfeld mit zusätzlicher elektronischer Positionsanzeige auf einer eingeschobenen Papierkarte; 100 WPT, 10 RTE mit je 10 WPT; TSIP = Trimble Standard Interface Protocol.

Trimble 4000 DL II

GERÄTETYP
Portabler GPS-REC der 3.Generation, mit Empfang von stationären DGPS-Referenzsendern.

BASISDATEN)
Maße (B x H x T) > 24,8 x 28,0 x 10,2 cm
Gewicht > 2.700 g
Betriebstemperatur > -20° bis +55° C
Lagertemperatur > -30° bis +75° C
Relative Feuchtigkeit > 100%, Gerät ist voll versiegelt, wasserfest
Anschlüsse > NMEA 0183, I/O-Anschluß für Datenaufzeichnung
Stromversorgung > 10,5 - 35 VDC, optional Wechselstrom-Netzgerät, zwei DC-Anschlüsse, Leistungsaufnahme 5 W

Display > LCD-Bildschirm mit variabler Beleuchtung, 4-zeilig, 40 Zeichen/Zeile

EMPFÄNGER
Frequenz / Kanäle > L1 C/A-Code / 9 Kanäle
Genauigkeit > 100 m 2D RMS (mit SA), 1-3 m RMS bei mindestens 4 Satelliten, einem PDOP <6 und DGPS-Korrekturdaten
Dynamik > k.A.
Akquisitionszeit > unter 2 Minuten
Aktualisierungszeit > 1 Sekunde
Antenne > extern mit 30 m Kabel

ANZEIGEN, FUNKTIONEN, MERKMALE
All-In-View-Processing, optional mit 12 Kanälen, Real-Time-Betrieb, 100 WPT.

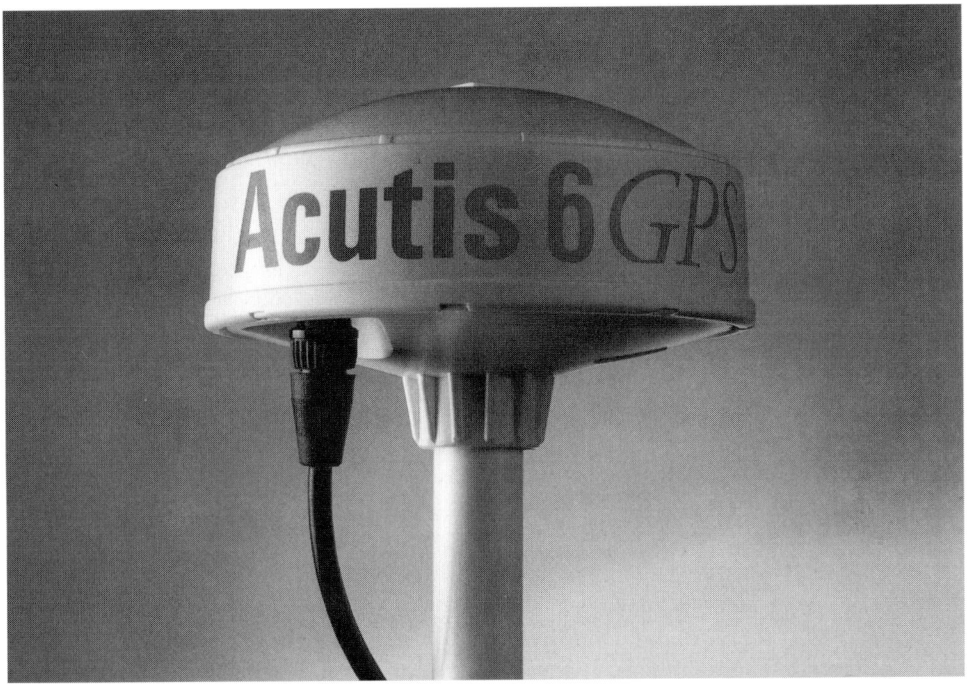

Trimble Acutis 6

GERÄTETYP
Stationärer, wetterfester GPS-ANT/SENS für die Seefahrt in Kompaktform.

BASISDATEN
Maße (B x H x T) > Durchmesser 14,7 cm, Höhe 9,9 cm
Gewicht > 450 g
Betriebstemperatur > -30° bis +70° C
Lagertemperatur > -40° bis +80° C
Relative Feuchtigkeit > 100%, kondensationsfrei
Anschlüsse > NMEA 0183
Stromversorgung > 12- und 14-VDC-System, maximal 28 VDC, Leistungsaufnahme 2 W
Display > entfällt

EMPFÄNGER
Frequenz / Kanäle > L1 C/A-Code / 6 Kanäle
Genauigkeit > 100 m 2D RMS (mit SA)
Dynamik > Geschwindigkeit 650 MPH, Beschleunigung 2 g
Akquisitionszeit > 2,5 bis 3 Minuten
Aktualisierungszeit > 1 Sekunde
Antenne > GPS-ANT/SENS

ANZEIGEN, FUNKTIONEN, MERKMALE
Ausgabe von Position, Kurs, Geschwindigkeit und Zeitmessungen im NMEA-0183-Protokoll; anschließbar an eine große Anzahl von NAV-Systemen.

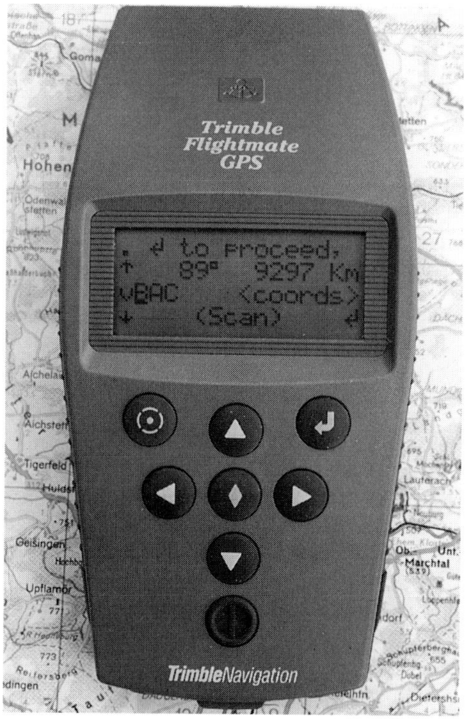

Trimble Flightmate

GERÄTETYP
Portabler Hand-Held GPS-REC für die Luftfahrt mit integrierter Database.

BASISDATEN
Maße (B x H x T) > 8,4 x 17,3 x 3,3 cm
Gewicht > 397 g
Betriebstemperatur > 0° bis +60° C
Lagertemperatur > -20° bis +70° C
Relative Feuchtigkeit > k.A.
Anschlüsse > Externe Antenne, Stromversorgung
Stromversorgung > 4 AA-Batterien, Netzteil optional, Batterie-Lebensdauer je nach Betriebsart 4 bis 10 Stunden
Display > LCD-Bildschirm mit Beleuchtung, 4-zeilig, 16 Zeichen/Zeile

EMPFÄNGER
Frequenz / Kanäle > L1 C/A-Code / 3 Kanäle
Genauigkeit > 100 m 2D RMS (mit SA)
Dynamik > Geschwindigkeit 0 bis 1.080 km/h, Beschleunigung 2 g
Akquisitionszeit > unter 2 Minuten
Aktualisierungszeit > 1 Sekunde
Antenne > eingebaut (extern optional)

ANZEIGEN, FUNKTIONEN, MERKMALE
Luftfahrt-NAV-Modi; eingebaute weltweite Luftfahrt-Datenbank (APT, VOR, NDB), integrierter Selbstlernkurs, optionales Avionic-Kit für Verwendung im Flugzeug.

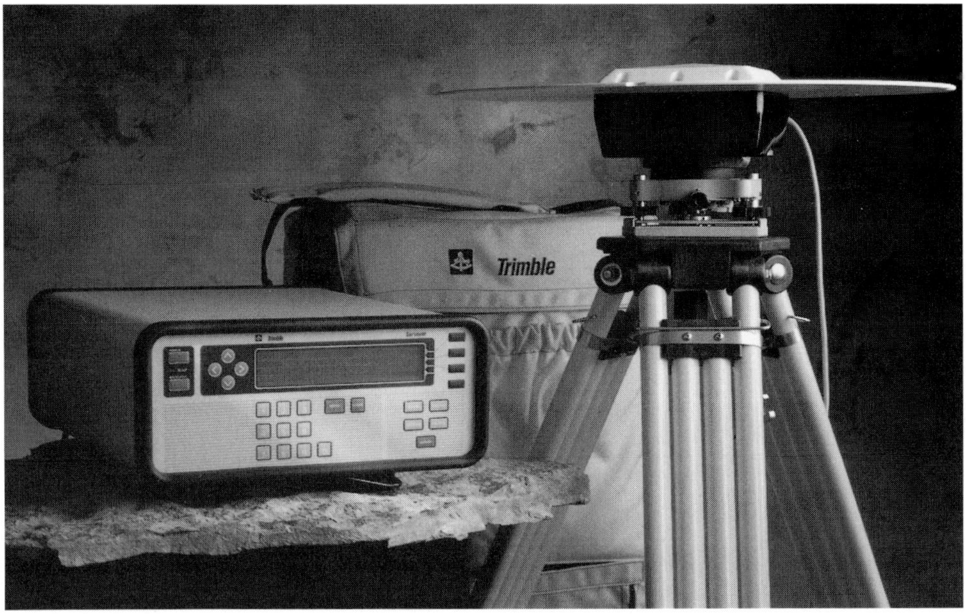

Trimble Geodesist P

GERÄTETYP
Portabler GPS-REC für hochpräzise statische und kinematische Anwendungen bei Landvermessungen usw.

BASISDATEN
Maße (B x H x T) > 30,0 x 13,0 x 35 cm
Gewicht > 7200 g (ohne BAT)
Betriebstemperatur > -20° bis +55° C
Lagertemperatur > -30° bis +75° C
Relative Feuchtigkeit > 100%, wasserdicht versiegelt
Anschlüsse > 2 x RS 232 C, 2 x Stromversorgung, Pulse-Per-Second-Ausgang (PPS), Event-Marker-Eingang
Stromversorgung > 10,5 - 35 VDC, Leistungsaufnahme 11 W, optional separates AC-Netzteil
Display > LCD-Bildschirm mit Beleuchtung, 4-zeilig, 40 Zeichen/Zeile

EMPFÄNGER
Frequenz / Kanäle > L1 C/A-Code- und Trägerphasenauswertung, L2 P-Code- und Trägerphasenauswertung (statische und kinematische Vermessung) / 8 Kanäle
Genauigkeit > Horizontal 0,5 cm, vertikal 1 cm (statisch), 2 cm (kinematisch); Genauigkeit bei mindestens 5 Satelliten, alle L1- und L2-Signale verfügbar, P-Code-Verfügbarkeit und präzise Ephemeriden vorausgesetzt.
Dynamik > k.A.
Akquisitionszeit > 2 Minuten
Aktualisierungszeit > 1 Sekunde
Antenne > Geodätische Antenne extern

ANZEIGEN, FUNKTIONEN, MERKMALE
Spezial-GPS-REC mit höchster Genauigkeit; 3 x 4000 SST Receiver/Datalogger; integrierte Trimvec-Plus-Software (Trimble), durch L1/L2-Auswertung Ausschluß von Ionosphärenfehlern.

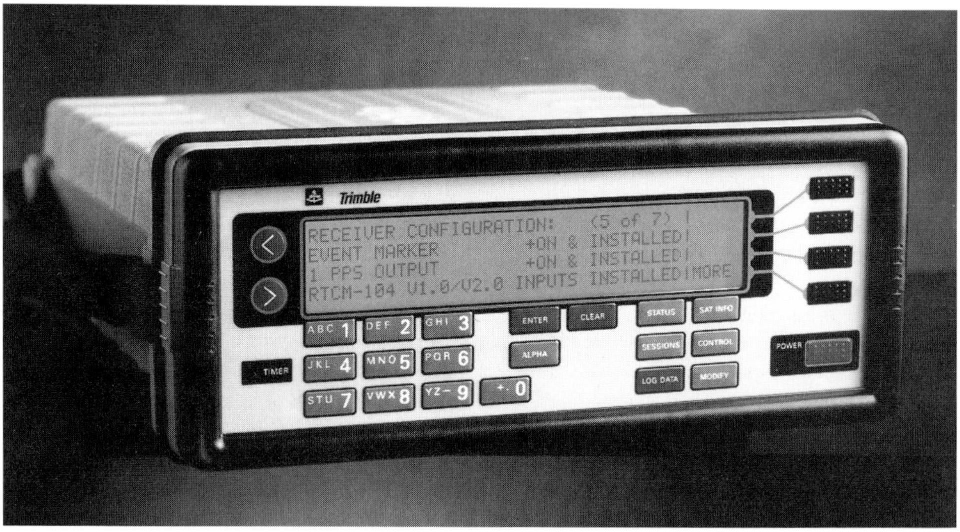

Trimble "Land Surveyor", GPS-Vermessungssystem für statische oder kinematische Landvermessungen (oben).
Trimble "System Surveyor", GPS-Vermessungssystem für statische und kinematische Aufgaben im Bereich der Luftfahrt-, Seefahrt- und Landvermessung (unten).

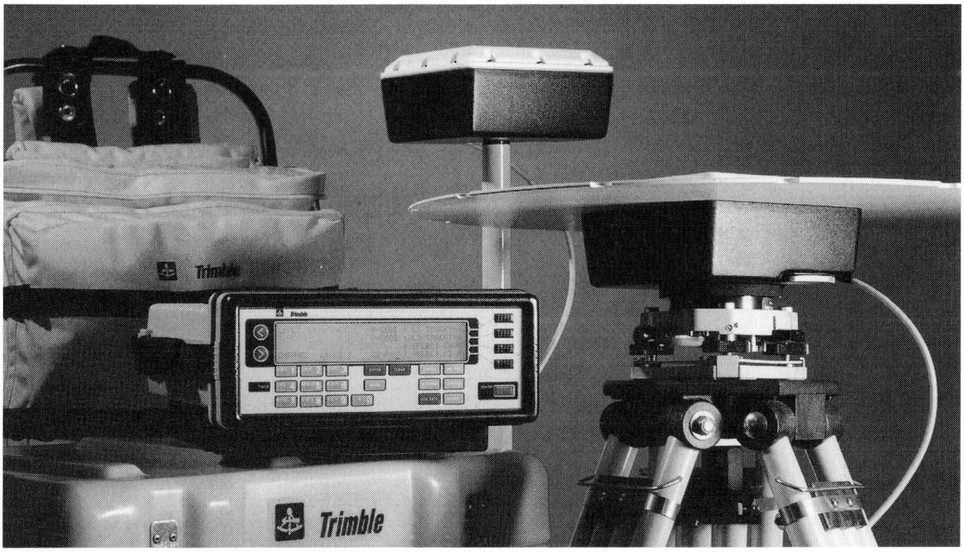

Trimble Geodetic Surveyor

GERÄTETYP
Portables GPS-REC-Vermessungssystem für geodätische/kinematische Anwendungen.

BASISDATEN
Maße (B x H x T) > 24,8 x 10,2 x 28,0 cm
Gewicht > 3100 g (ohne BAT)
Betriebstemperatur > -20° bis +55° C
Lagertemperatur > -30° bis +75° C
Relative Feuchtigkeit > 100%, wasserdicht versiegelt
Anschlüsse > 2 x RS 232 C, 3 x Stromversorgung
Stromversorgung > 10,5 - 35 VDC, Leistungsaufnahme 9 W
Display > LCD-Bildschirm mit Beleuchtung, 4-zeilig, 40 Zeichen/Zeile

EMPFÄNGER
Frequenz / Kanäle > L1/L2 mit P-Code und voller Wellenlänge oder L1 C/A-Code, L1/L2, Kreuzkorrelation von chiffriertem P-Code (statische Vermessung); P-Code auf L1 und L2 und Trägerphase mit voller Wellenlänge oder C/A-Code auf L1, L1/L2-Träger mit voller Wellenlänge und Kreuzkorrelation des chiffrierten P-Code (kinematische Vermessung)./ 9 Kanäle.
Genauigkeit > Horizontal 0,5 cm, vertikal 1 cm (statisch), 2 cm (kinematisch); Genauigkeit bei mindestens 5 Satelliten, alle L1- und L2-Signale verfügbar, P-Code-Verfügbarkeit und präzise Ephemeriden vorausgesetzt.
Dynamik > k.A.
Akquisitionszeit > 1,5 Minuten
Aktualisierungszeit > 1 Sekunde
Antenne > Geodätische und kinematische Antenne extern.

ANZEIGEN, FUNKTIONEN, MERKMALE
Spezial-GPS-REC für statische und kinematische Vermessungen; Datenausgabe von 5 Meßgrößen: C/A-Code auf L1, P-Code auf L1 und L2, Trägerphasenmessung L1/L2; 6. Meßgröße Y-Code-Kreuzkorrelation auf L1 und L2.

Trimble NavGraphicXL

GERÄTETYP
Stationäre GPS-CDU mit GPS-ANT/SENS, mit CD-Seekarten-Plotter und Super-VGA-Display für die Seefahrt.

BASISDATEN
Maße (B x H x T) > 30,0 x 26,0 x8,3 cm
Gewicht > 4500 g (nur CDU)
Betriebstemperatur > 0° bis +55° C
Lagertemperatur > -20° bis +60° C
Relative Feuchtigkeit > k.A.
Anschlüsse > Separate Interface Box mit vielen Anschlußmöglichkeiten: NMEA 0180/0183; 3 x RS 422, RTCM SC 104; Autopilot, Plotter, Sonar, Radar, Computer, LORAN usw.
Stromversorgung > 12 VDC, 24 VDC, 28 VDC maximal; Leistungsaufnahme 50 W

Display > Supertwist-LCD-Bildschirm mit 640 x 480 Pixel und Beleuchtung, Bildschirmfläche 19,1 cm Breite x 14,6 cm Höhe

EMPFÄNGER
Frequenz / Kanäle > L1 C/A-Code / 6 Kanäle
Genauigkeit > 100 m 2D RMS (mit SA)
Dynamik > Geschwindigkeit 650 MPH, Beschleunigung 2 g
Akquisitionszeit > unter 1 Minute
Aktualisierungszeit > 1 Sekunde
Antenne > extern, mit eingebautem GPS-SENS

ANZEIGEN, FUNKTIONEN, MERKMALE
Seefahrt-NAV-Modi; 500 WPT, 50 RTE; Koppelnavigation, Trip Logs, Alarmfunktionen, Notprogramme; CD-Laufwerk; DGPS-fähig.

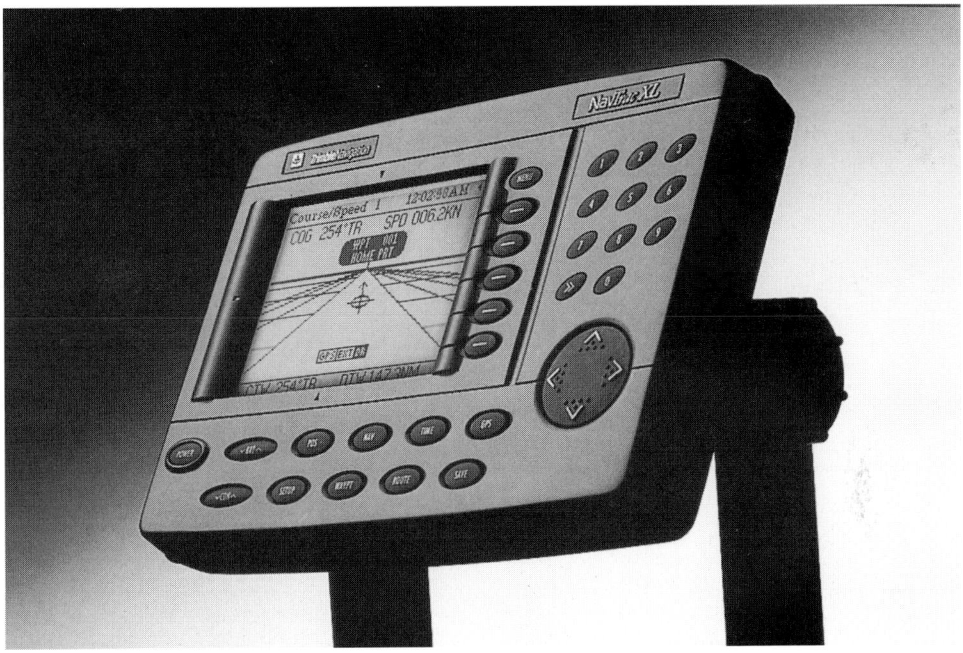

Trimble NavTracXL

GERÄTETYP

Stationäre GPS-CDU mit GPS-ANT/SENS mit Kursplotter und vielen Grafikfunktionen für die Seefahrt.

BASISDATEN

Maße (B x H x T) > 22,9 x 16,5 x 7,0 cm
Gewicht > 1600 g (nur CDU)
Betriebstemperatur > -0° bis +55° C
Lagertemperatur > -20° bis +60° C
Relative Feuchtigkeit > 95%, kondensationsfrei
Anschlüsse > NMEA 0180/0183, 2 x RS 422, RTCM SC-104; Fernbedienung, Geschwindigkeitsausgabe, Alarmausgabe; Anschlußmöglichkeiten für Autopilot, Plotter, Sonar, Radar, Computer, LORAN usw.
Stromversorgung > 12 VDC, 24 VDC, 28 VDC maximal; Leistungsaufnahme 12 W
Display > LCD-Bildschirm mit Beleuchtung, 160 x 128 Pixel

EMPFÄNGER

Frequenz / Kanäle > L1 C/A-Code / 6 Kanäle
Genauigkeit > 100 m 2D RMS (mit SA)
Dynamik > Geschwindigkeit 650 MPH, Beschleunigung 2 g
Akquisitionszeit > unter 1 Minute
Aktualisierungszeit > 1 Sekunde
Antenne > extern, mit eingebautem GPS-SENS

ANZEIGEN, FUNKTIONEN, MERKMALE

Seefahrt-NAV-Modi; 500 WPT, 99 RTE; Daten-Kommunikation in verschiedenen Sprachen: Englisch, Spanisch, Französisch, Deutsch, Japanisch, Isländisch, Koreanisch; DGPS-fähig.

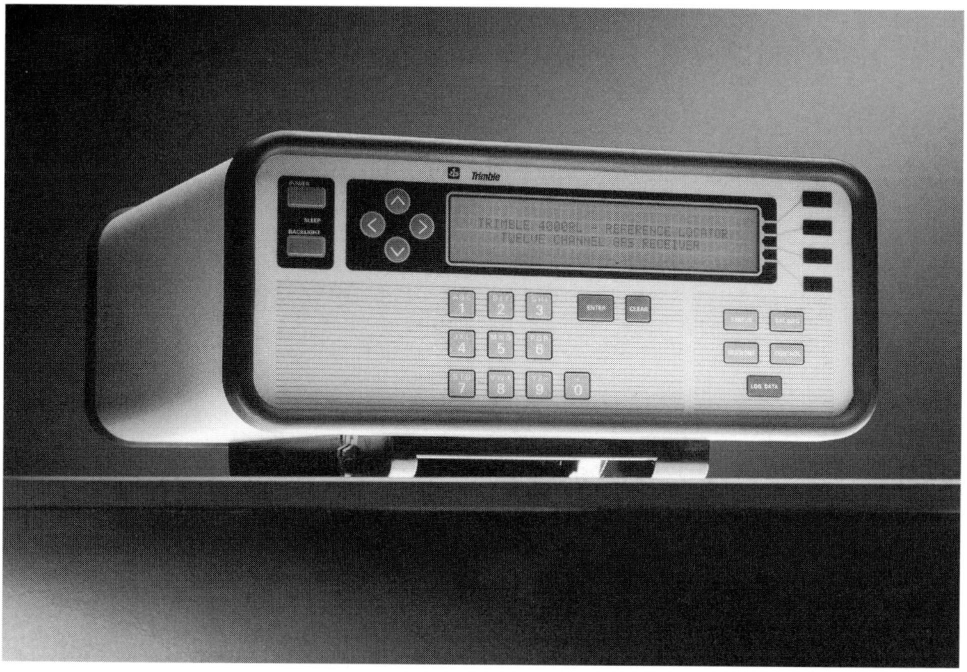

Trimble Reference Locator

GERÄTETYP
All-In-View-DGPS-Referenz-Station (DGPS-REC) für Seefahrt und Landnavigation.

BASISDATEN
Maße (B x H x T) > 30,0 x 13,0 x 35,0 cm
Gewicht > 7300 g
Betriebstemperatur > -20° bis +55° C
Lagertemperatur > -30° bis +75° C
Relative Feuchtigkeit > 100%, wasserdicht versiegelt
Anschlüsse > RTCM SC-104, I/O für Datenaufzeichnung
Stromversorgung > 11-35 VDC, Leistungsaufnahme 9 W
Display > LCD-Bildschirm mit Beleuchtung, 4-zeilig, 40 Zeichen/Zeile

EMPFÄNGER
Frequenz / Kanäle > L1 C/A-Code / 12 Kanäle
Genauigkeit > 1 m 2D RMS (ohne SA, bei Pseudo-Range-Korrektur)
Dynamik > entfällt
Akquisitionszeit > unter 2 Minuten
Aktualisierungszeit > 1 Sekunde
Antenne > extern mit 30 m Kabel

ANZEIGEN, FUNKTIONEN, MERKMALE
Die Differential-GPS-Korrektursignale des Trimble Reference Locator sind zu allen DPGS-fähigen GPS-Empfängern von Trimble kompatibel. Das robuste Gerät ist (wasserdicht versiegelt) sogar schwimmfähig.

Trimble SVeeSix Series

GERÄTETYP
GPS-SENS (das Modul gibt es wahlweise auch als Steckkarte) in Miniatur-Ausführung für den Einbau in NAV-Systeme oder GPS-REC anderer Hersteller (OEM).

BASISDATEN (Modul)
Maße (B x H x T) > 12,7 x 2,8 x 10,2 cm
Gewicht > 260 g
Betriebstemperatur > -30° bis +70° C
Lagertemperatur > -55° bis +100° C
Relative Feuchtigkeit > 95%, bis 60% kondensationsfrei
Anschlüsse > RS 232 C, RS 422, Trimble Standard Interface Protocol; Trimble ASCII Interface Protocol; NMEA; I/O; RTCM SC-104; Pulse Per Second
Stromversorgung > 9-32 VDC, Leistungsaufnahme ohne ANT 1,85 W
Display > entfällt

EMPFÄNGER
Frequenz / Kanäle > L1 C/A-Code / 6 Kanäle
Genauigkeit > 100 m 2D RMS (mit SA)
Dynamik > Geschwindigkeit 400 m/sec. max., Beschleunigung 4 g
Akquisitionszeit > unter 5 Minuten
Aktualisierungszeit > 1 Sekunde
Antenne > extern

ANZEIGEN, FUNKTIONEN, MERKMALE
Lieferbar als Modul oder als Steckkarte; DGPS-fähig.

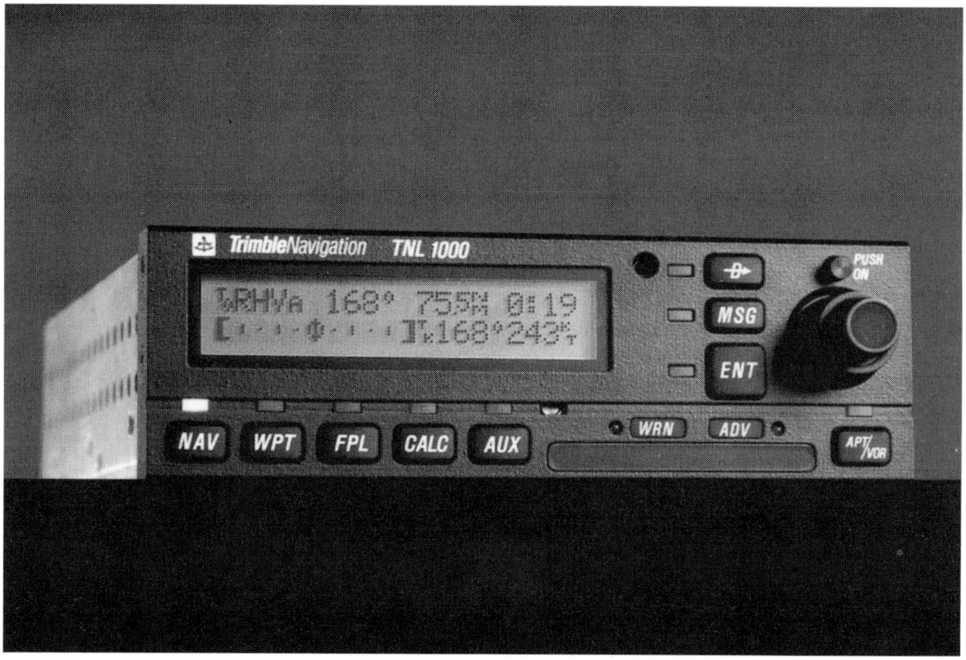

Trimble
TNL 1000

GERÄTETYP
Stationärer GPS-REC (Einbaumodell) für die Luftfahrt.

BASISDATEN
Maße (B x H x T) > 15,9 x 5,1 x 27,4 cm
Gewicht > 1100 g
Betriebstemperatur > -20° bis +55° C
Lagertemperatur > -55° bis +70° C
Relative Feuchtigkeit > 95% bei 50° C
Anschlüsse > EIA Standard; 2 x RS 422; CDI, Autopilot, Moving Map usw.
Stromversorgung > 10-36 VDC, Leistungsaufnahme bei 14 VDC 5 W, bei 28 VDC 6 W
Display > LCD-Bildschirm mit Beleuchtung, 2-zeilig, 20 Zeichen/Zeile

EMPFÄNGER
Frequenz / Kanäle > L1 C/A-Code / 6 Kanäle
Genauigkeit > 100 m 2D RMS (mit SA)
Dynamik > Geschwindigkeit 800 KTS, Beschleunigung 4 g
Akquisitionszeit > 0,5 bis 3,5 Minuten
Aktualisierungszeit > 1 Sekunde
Antenne > extern

ANZEIGEN, FUNKTIONEN, MERKMALE
Luftfahrt-NAV-Modi; integrierte weltweite Database (Flughäfen, VORs, NDBs), 250 WPT, 20 RTE mit je 20 WPT, Trimble-GPS-Einsteigermodell für die Luftfahrt.

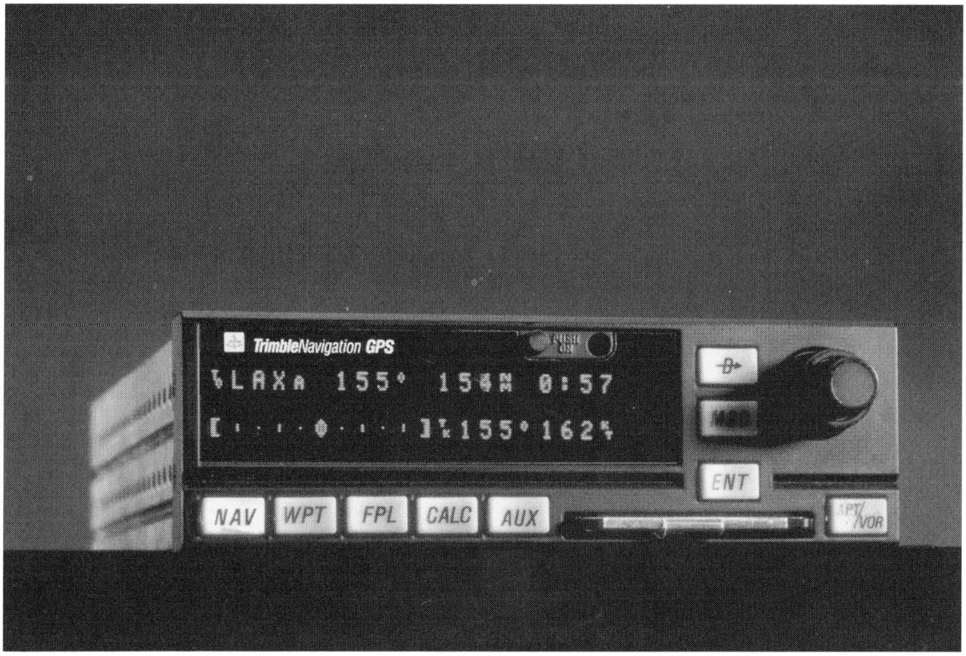

Trimble TNL 2000

GERÄTETYP
Stationärer GPS-REC (Einbaumodell) für die Luftfahrt.

BASISDATEN
Maße (B x H x T) > 15,9 x 5,1 x 27,4 cm
Gewicht > 1240 g
Betriebstemperatur > -20° bis +55° C
Lagertemperatur > -55° bis +70° C
Relative Feuchtigkeit > 95% bei 50° C
Anschlüsse > EIA Standard; 2 x RS 422; CDI, Autopilot, Moving Map usw.
Stromversorgung > 10-32 VDC, Leistungsaufnahme bei 14 VDC 6 W, bei 28 VDC 12 W
Display > LCD-Bildschirm mit Beleuchtung, 2-zeilig, 20 Zeichen/Zeile

EMPFÄNGER
Frequenz / Kanäle > L1 C/A-Code / 6 Kanäle
Genauigkeit > 100 m 2D RMS (mit SA)
Dynamik > Geschwindigkeit 800 KTS, Beschleunigung 4 g
Akquisitionszeit > 0,5 bis 3,5 Minuten
Aktualisierungszeit > 1,5 Sekunden
Antenne > extern

ANZEIGEN, FUNKTIONEN, MERKMALE
Luftfahrt-NAV-Modi; Jeppesen NavData Database (Flughäfen, VORs, NDBs, Intersections, Luftraumgrenzen, MEAs usw.) 250 WPT, 20 RTE mit je 19 WPT; VNAV; Airwatch-Warneinrichtung für Beschränkte Lufträume.

Trimble TNL 7880

GERÄTETYP
Professionelle, stationäre NAV-CDU (Einbaumodell) mit separater NPU (Navigation Processor Unit) und GPS-SENS für die Luftfahrt.

BASISDATEN (CDU)
Maße (B x H x T) > 14,6 x 9,5 x 19,7 cm
Gewicht > 2000 g
Betriebstemperatur > -15° bis +70° C
Lagertemperatur > k.A.
Relative Feuchtigkeit > k.A.
Anschlüsse > ARINC 407, 419, 429, 545, 565, 575, 561
Stromversorgung > 28 VDC, Leistungsaufnahme 28 W (NPU)
Display > 7-farbiges CRT-Display mit 8 Zeilen und 14 Zeichen/Zeile und vollständiger alphanumerischer Tastatur.

EMPFÄNGER (nur GPS-REC)
Frequenz / Kanäle > L1 C/A-Code / 6 Kanäle
Genauigkeit > 100 m 2D RMS (mit SA)
Dynamik > Geschwindigkeit 1000 KTS, Beschleunigung k.A.
Akquisitionszeit > 2 Minuten
Aktualisierungszeit > 1 Sekunde
Antenne > extern

ANZEIGEN, FUNKTIONEN, MERKMALE
Luftfahrt-NAV-Modi; universelles NAV-System für die wahlweise oder kombinierte Integration eines GPS-SENS und/oder OMEGA-SENS; Anschlußmöglichkeiten: Electronic Flight Instrument System (EFIS), Radar, Flight Director u.a.; 2.480 WPT in bis zu 170 RTE.

Trimble
TNL 7900

GERÄTETYP
Professionelle, stationäre NAV-CDU (Einbaumodell) mit separater RPU (Receiver Processor Unit), integriertem VLF-OMEGA-SENS und GPS-SENS für die Luftfahrt.

BASISDATEN (CDU)
Maße (B x H x T) > 14,6 x 9,5 x 19,7 cm
Gewicht > 2540 g
Betriebstemperatur > -15° bis +70° C
Lagertemperatur > k.A.
Relative Feuchtigkeit > k.A.
Anschlüsse > ARINC 407, 419, 429, 545, 565, 575, 561
Stromversorgung > 28 VDC oder 115 VAC, Leistungsaufnahme 28 W (GPS-SENS)
Display > 7-farbiges CRT-Display mit 8 Zeilen und 14 Zeichen/Zeile und vollständiger alphanumerischer Tastatur.

EMPFÄNGER (nur GPS-REC)
Frequenz / Kanäle > L1 C/A-Code / 6 Kanäle
Genauigkeit > 100 m 2D RMS (mit SA)
Dynamik > Geschwindigkeit 1000 KTS, Beschleunigung k.A.
Akquisitionszeit > 2 Minuten
Aktualisierungszeit > 1 Sekunde
Antenne > extern

ANZEIGEN, FUNKTIONEN, MERKMALE
Luftfahrt-NAV-Modi; universelles OMEGA-NAV-System für die wahlweise Integration eines GPS-SENS; Anschlußmöglichkeiten: Electronic Flight Instrument System, Radar, Flight Director u.a.; Jeppesen NavData Database (Flughäfen, VORs, NDBs, Intersections, Luftraumgrenzen, MEAs usw.), 2.480 WPT in bis zu 170 RTE.

Trimble Transpak im Einsatz bei der Landnavigation.

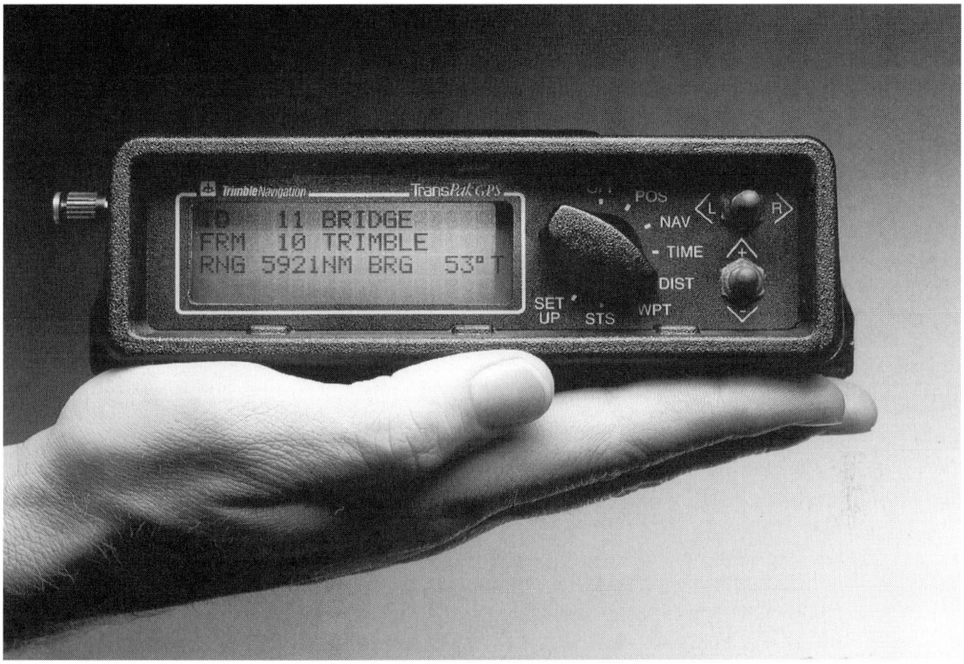

Trimble TransPak II

GERÄTETYP
Portabler GPS-REC für Luftfahrt, Seefahrt und Landnavigation.

BASISDATEN
Maße (B x H x T) > 16,5 x 5,1 x 17,8 cm
Gewicht > 1590 g (ohne BAT)
Betriebstemperatur > -0° bis +60° C
Lagertemperatur > -40° bis +70° C
Relative Feuchtigkeit > 95%, kondensationsfrei
Anschlüsse > 1 x RS 422; ASCII und NMEA 0183, 1 x RS 422, ASCII
Stromversorgung > 8 AA-Batterien, NiCad-Pack (optional), 12 VDC-Adapter
Display > LCD-Bildschirm mit Beleuchtung, 4-zeilig, 20 Zeichen/Zeile

EMPFÄNGER
Frequenz / Kanäle > L1 C/A-Code / 6 Kanäle
Genauigkeit > 100 m 2D RMS (mit SA)
Dynamik > Geschwindigkeit 650 MPH, Beschleunigung 2 g
Akquisitionszeit > unter 1 Minute
Aktualisierungszeit > 1 Sekunde
Antenne > eingebaut (extern optional)

ANZEIGEN, FUNKTIONEN, MERKMALE
Allgemeine NAV-Modi; 999 WPT; Anschlußmöglichkeit für Autopilot, Plotter, Radar, Computer. Der TransPak ist die zivile Version des an die US-Army gelieferten TRIMPACK und ist spritzwassergeschützt, unempfindlich gegen Schmutz sowie stoßfest; Spezialgehäuse aus verstärktem Kunststoff-Material.

Kapitel 3

Die GPS-Zukunft hat bereits begonnen

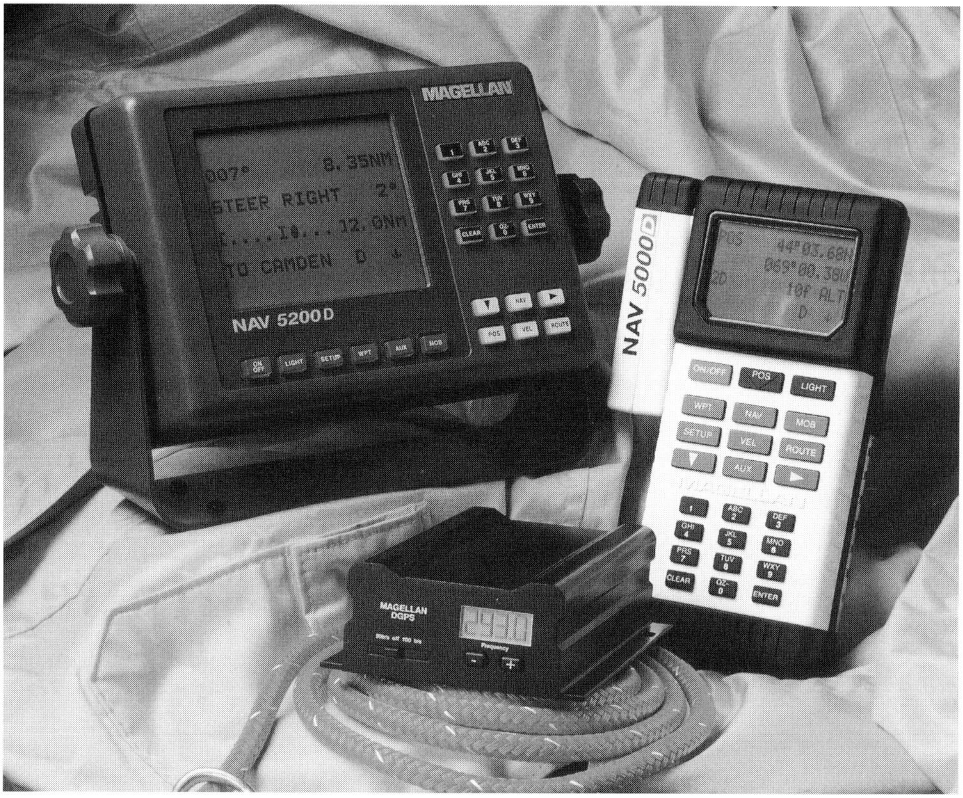

Magellan 5200 D, 5000 D und Differential Beacon Receiver Box (DBR) im Vergleich. GPS-Empfänger wie der Magellan 5200 D mit grafikfähigem LCD-Bildschirm und optionaler DBR-Box stellen bereits die nächste Geräte-Generation dar. Bei Hand-Held-Empfänger dagegen wird das alphanumerische mehrzeilige Display wegen geringstmöglicher Geräteabmessungen noch dominieren (Magellan 5000 D).

Entwicklung von GPS

Da gibt es nun das ideale Ortungs- und Navigationssystem, GPS, eine navigatorische Revolution. Freilich noch mit gewissen Einschränkungen, was die vor allem in der Luftfahrt geforderte Genauigkeit und Zuverlässigkeit betrifft, doch mit allen Optionen und dem Potential eines zukünftigen optimalen Systems.

System-Verfügbarkeit

Allerdings geben die GPS-Betreiber, das DOD, keine Garantie dafür, daß GPS in aller Zukunft verfügbar sein wird. Dabei sollte man zwischen einer generellen zivilen Verfügbarkeit, die lediglich durch SA qualitativ eingeschränkt ist, und einer für zivile Anwender eingeschränkten Verfügbarkeit im Krisen- oder Kriegsfall unterscheiden. Dennoch ist GPS sowohl aus politischen als auch aus finanziellen Gründen heraus wesentlich sicherer als das russische GLONASS, bei dessen endgültigem Ausbau und dauerhaftem Betrieb angesichts der wirtschaftlichen Lage und der politischen Unwägbarkeiten immer eine gewisse Vorsicht angebracht ist.

Immerhin hat das DOD der USA angekündigt, daß ein eventuelles Einstellen des GPS-Projektes sechs Jahre vorher angekündigt wird. Weltweit hat man sich ein solches Szenario im Modell bereits vorgestellt. Auch die Installation eines auf ziviler Basis finanzierten GPS wurde schon in die Überlegungen einbezogen. Die Finanzierung eines solchen Projektes aber überstiege die Kapitalkraft eines jeden Unternehmens. Allenfalls eine internationale, aus mehreren Unternehmen bestehende GPS-Mega-Gesellschaft könnte dies bewerkstelligen.

Über zukünftige Entwicklungen bei GPS kann man sich zwar auf nationaler Ebene Gedanken machen und auch hervorragende technische Konzepte in den Schubladen haben. Eine künftige Realisierung jedoch sollte von den Entscheidungen der US-Behörden abhängig gemacht werden, die als GPS-Betreiber das GPS-Projekt organisatorisch, zeitlich und finanziell tragen.

Künftig GPS-Nutzungsgebühren?

Ob in Zukunft für die GPS-Nutzung Gebühren erhoben werden, ganz gleich in welcher Form, ist nur von den US-Behörden abhängig. In unserer Zeit, in der Rezession und knappe öffentliche Etats die Weltwirtschaftslage beherrschen, sollte man mit einem GPS-Gebührensystem rechnen. Da es in den USA bereits private Betreiber von gebührenpflichtigen DGPS-Landstationen für die Seefahrt gibt, ist kaum anzunehmen, daß der GPS-Basisservice dauerhaft zum Nulltarif zu bekommen ist.

GPS-Empfänger

Bei der Entwicklung neuer GPS-Empfänger-Generationen muß man mit einer ähnlichen Entwicklung wie in der gesamten Mikroelektronik (Unterhaltungselektronik, EDV, insbesondere PC-Bereich) rechnen. Die Änderungen werden einmal die technische Weiterentwicklung, zum anderen die Preiskonstellation betreffen. Einen ähnlichen Preisverfall wie im PC-Bereich allerdings wird es dabei kaum geben, denn die GPS-Käufer-Zielgruppen werden die Zielgruppen-Größe privater und kommerzieller PC-Nutzer nicht erreichen.

Sollten sich aber generell GPS-Anlagen in Kraftfahrzeugen zur Verkehrslenkung und zum Flottenmanagement durchsetzen und sogar PKWs werksseitig mit GPS-Systemen ausgerüstet werden, könnten im Laufe der kommenden Jahre die Preise gegenüber dem heutigen Niveau deutlich nachgeben.

GPS-Fehlerkorrekturen

Welche technischen Änderungen und Weiterentwicklungen kommen aber bei GPS-Empfängern für den sogenannten "Consumer"-Bereich, den riesigen Markt der privaten GPS-Anwender, in den nächsten Jahren? Zunächst einmal ist die Genauigkeit des GPS durch Selective Availability (SA) vorgegeben. Das bedeutet, daß auch künftig jeder GPS-Empfänger durch diesen Systemfehler nur eine eingeschränkte Genauigkeit bietet.

Andere Fehler, wie z.B. Brechungsfehler der Ionosphäre und Troposphäre, könnten z.B. durch Auswertung der L1- und L2-Trägerwellen auch bei "normalen" Consumer-Empfängern in Zukunft kompensiert werden.

Es könnte aber auch ein flächendeckendes Differential-GPS (vielleicht sogar mit Verbreitung über eine Rundfunkstation) Korrekturdaten abstrahlen, die von den mobilen GPS-Empfängern zusätzlich ausgewertet werden. Voraussetzung hierfür wäre aber, neben dem Empfänger für die Satellitensignale, ein zusätzlicher Empfänger für die Korrektursignale - ein technischer und kostenintensiver Mehraufwand, der den Preis des Gerätes mit Sicherheit anheben würde.

In den USA gibt es bereits DGPS-Bodenstationen und GPS-Empfänger, welche die Korrektursignale der Bodenstationen empfangen und verarbeiten können. Die weitere Entwicklung aber, insbesondere die Kosten- bzw. Gebührenfrage bei DGPS-Bodenanlagen, ist noch ungeklärt.

Mehrkanal-Empfänger, Datenbanken

Infrage kommen auch technische Weiterentwicklungen bei den Empfangsteilen des GPS-Gerätes: 6- bis 8-Kanal-Empfänger werden wohl in Zukunft Standard sein.

Softwareseitig wird sich bei den navigatorischen Rechenoperationen wenig ändern, denn viel mehr als trigonometrische Funktionen sind von dem Mikroprozessor ohnehin nicht auszuführen. Schließlich wird es auch in Zukunft a priori um hochpräzise Positionsbestimmungen mit exakten Routenplanungen gehen. Etwas mehr Aufwand wird man sicherlich bei anwenderspezifischen Datenbanken betreiben müssen. Immer mehr GPS-Empfänger werden als Standardausrüstung eine vom Käufer gewünschte Datenbank (integriert oder updatebar) haben, wobei schon heute an digitalisierte Karten auf CD-ROMs oder ähnlichen Megabyte-starken Datenträgern gedacht werden muß.

Displays, Ergonomie, PC-Integration

Nun zu den künftigen Anzeigen der Daten, den Displays. In diesem Bereich scheint allerhand Nachholbedarf für die GPS-Geräte-Hersteller zu bestehen. Mit simplen 2- oder 4-zeiligen Displays und kleinen alphanumerischen Zeichen wird man in Zukunft keinen Umsatz mehr machen können. Der Trend zu deutlich größeren, grafikfähigen LCD-Displays ist bereits zu erkennen. Die Vorteile dieser Displays bestehen darin, daß neben den alphanumerischen navigatorischen Daten auf einer einzigen Bildschirmseite (Scrollen durch die Pages oder Screens entfällt) zusätzlich grafische Darstellungen über Routen usw.

möglich sind. "Ein Bild sagt mehr als tausend Worte" ist in diesem Zusammenhang die passende Redewendung, denn nichts wird leichter und vor allem schneller aufgenommen als eine Information, die in einem Bild oder einer Zeichnung verpackt ist.

Stärker als bisher wird man auch dazu übergehen, GPS-Sensoren in leichtgewichtige PC-Portables zu integrieren. Die GPS-Daten können dann in viele PC-Anwendungen übernommen werden.

Es gibt zwar noch eine ganze Reihe von möglichen Weiterentwicklungen bei den GPS-Empfängern, jedoch würde ein umfassender Ausblick auf die Zukunft den zur Verfügung stehenden Platz in diesem Handbuch weit überschreiten.

Anwendung der Satellitennavigation für öffentliche Aufgaben

Die Deutsche Agentur für Raumfahrtangelegenheiten (DARA) fördert im Rahmen eines "Nationalen Programms" bestimmte Vorhaben im Bereich der Satellitennavigation (Stand: März 1993). An dem Programm sind Unternehmen, Institute und Hochschulen beteiligt.

Inhalt des Programms ist die Untersuchung von möglichen Anwendungen der Satellitennavigation für öffentliche Aufgaben. Hierbei soll die wirtschaftliche Nutzung der vorhandenen Satelliten-Navigationssysteme NAVSTAR-GPS und GLONASS durch geeignete Projekte demonstriert werden. Schwerpunkt des Programms ist das Demonstrationsprojekt "Differential GPS/GLONASS", in dem insbesondere durch Anwendung von Differential-Meßverfahren nachgewiesen werden soll, daß die Anforderungen an Genauigkeit, Zuverlässigkeit und Sicherheit, die vor allem von der Luftfahrt gestellt werden, erfüllbar sind.

Grundlagenuntersuchungen

DIRES - Differential GPS Referenzstation

Aufbau einer selbstüberwachenden GPS Referenzbodenstation mit Telemetrieanlage und mobiler Tochterstation als Grundlage für weiterführende Untersuchungen zur Verbesserung der Systemparameter.

Beschreibung (Kurzfassung)

Inhalt des Vorhabens ist der Aufbau einer Differential-Referenzbodenstation (selbstüberwachend) mit Telemetrieanlage und mobiler Tochterstation als Grundlage sowohl für Anwendungen in der Geodäsie und der automatischen Schiffsführung als auch für weiterführende Untersuchungen zur Verbesserung der Systemparameter. Der Aufbau der Anlage ist die Grundlage für ein Forschungsvorhaben, für das ein gesonderter Förderantrag im Rahmen der durch die DGON koordinierten DGPS-Aktivitäten gestellt worden ist. Schwerpunktziele werden dabei Untersuchungen

- zur Systemerprobung,
- zur Bestimmung des Einflusses der Ausbreitungsparameter,
- zum Einfluß des Ausbreitungsmediums mittels DGPS,
- zur Abschätzung der Dekorrelation auf Genauigkeiten,

• zu den Eigenschaften des Mediums mittels anderer Meßverfahren,

• zur optimalen Gestaltung der Datenkommunikation: Station-Nutzer.

Gewonnene Erkenntnisse führen zu Erhöhung der Genauigkeit.

RAKO - Koordinatenbestimmung der GPS-Referenzstation

Untersuchungen zur präzisen Bestimmung der Koordinaten einer DGPS-Referenzstation unter Einbeziehung ausbreitungsbedingter Korrekturen.

Beschreibung (Kurzfassung)

Das Vorhaben soll Beiträge zum Einfluß des Ausbreitungsmediums auf die erreichbare Präzision bei der Koordinatenbestimmung einer DGPS-Referenzstation sowie zur Abschätzung des Dekorrelationsabstandes im Nahbereich liefern. Eine wesentliche Fehlergröße für die Positionsbestimmung mittels DGPS ist die ionosphärische Refraktion, deren Wirkung effektiv durch die Gesamtelektronenzahl der Ionosphäre (TEC) beschrieben wird.

Mit einem kleinräumigen Netz von Faraday-Polarimetern sollen klein- und mittelskalige Raum- und Zeitvariationen von TEC untersucht werden. Die daraus gewonnenen Erkenntnisse dienen der Entwicklung von regionalen empirischen Modellen der Ionosphäre. Auf der Basis dieser Modelle werden ausbreitungsbedingte Korrekturgrößen zur präzisen Bestimmung der Koordinaten sowohl der DGPS-Referenzstation als auch der Tochterstation abgeleitet. Mit der Einbindung derartiger Korrekturen in die DGPS-Auswertealgorithmen werden in nahezu Echtzeit Verbesserungen in der erreichten DGPS-Genauigkeit für unterschiedliche Anwendungen erzielt.

TPME - GPS/GLONASS-Trägerphasenmessung

Entwicklung eines hochpräzisen DGPS/DGLONASS Navigationssystem im Zentimeterbereich durch differentielle Auswertung der Trägerphasenmessung.

Beschreibung (Kurzfassung)

Die differentielle Auswertung der Trägerphasenmessung (GPS und GLONASS) zur Erzielung der höchstmöglichen Zentimetergenauigkeit in Echtzeit ist im wesentlichen davon abhängig, daß die Phasenmehrdeutigkeiten in der Bewegung zuverlässig bestimmt werden können. Bisherige, auf Codemessungen basierende Differentialnavigationssysteme, sind bestensfalls in der Lage, die Position auf etwa 2 bis 5 m zu bestimmen. Zahlreiche Anwendungen in der Praxis verlangen jedoch bereits Submeter- oder sogar Dezimetergenauigkeit, die allerdings bis dato nur im statischen oder kinematischen Postprocessing erzielt wurde.

Das Vorhaben soll im einzelnen diese Grundlage schaffen, Untersuchungen über GPS und GLONASS jeweils als "standalone"-Differentialnavigationssystem höchster Genauigkeit auszuführen, als auch die Kombination DGPS/GLONASS zu betrachten. Algorithmen zur Phasenmehrdeutigkeitsbestimmung sollen besonders unter dem für die Navigation wichtigen Aspekten der Zuverlässigkeit und Integrität entwickelt werden, so daß eine Zentimetergenauigkeit bei der Navigation mit einer Aufdatierungsrate bis zu 1 Hz möglich wird.

Anwendungen in der Küsten- und Binnenschiffahrt

IDYS - Identifizierung dynamischer Schiffsbewegungen

Vergleichende Untersuchungen mit GPS und GLONASS zur Identifizierung dynamischer Schiffsbewegungen. Einsatz von Differential-GPS/GLONASS für Grundlagenuntersuchungen zur Vorbereitung der automatischen Bahnführung von Schiffen.

Beschreibung (Kurzfassung)

Die Erhöhung der Sicherheit und Effektivität des Seeverkehrs bei hoher Verkehrsdichte in Ballungsgebieten und gestiegenen Anforderungen an die Umweltverträglichkeit erfordern u.a. eine möglichst genaue quasikontinuierliche Positionierung von Schiffen. Eine Möglichkeit dazu bietet die Anwendung des NAVSTAR/Global Positioning Systems (GPS) und speziell des Differential-GPS (DGPS). Im Rahmen dieses Forschungsvorhabens soll die Anwendbarkeit des AeroNav-Systems für die Belange der Seeschiffahrt untersucht werden. Sie betreffen das dynamische Schiff einerseits und Vessel Traffic Service (VTS) andererseits mit dem Fernziel der Verkehrslenkung. Des weiteren soll die dynamische Positionierung mit GLONASS sowie ein Vergleich zu GPS durchgeführt werden.

Anwendungen zur Sicherheit des Luftverkehrs

ISAN - Integrity bei Satelliten-Navigation

Untersuchungen zur "Integrity" bei einem satellitengestützten, integrierten Navigations- und Landesystem. Erstellt wird ein Funktionsmuster eines DGPS-Navigationssystem für Luftfahrtanwendungen bestehend aus einer Bodenstation, einer Flugzeugbordanlage und einer Telemetrieverbindung vom Boden zum Bordsystem.

Beschreibung (Kurzfassung)

Um ein satellitengestütztes Navigationssystem zur Flugführung, zum Landeanflug und zur Landung nach ICAO-Zulassungsstandards zu verwirklichen, bedarf es weiterer Forschungs- und Entwicklungsschritte der deutschen Forschungsinstitute und Firmen, um den Vorsprung auf diesem Gebiet zu halten.

Vor allem müssen "industrielle" Standards für den nächsten Entwicklungsschritt berücksichtigt werden. Schwerpunktmäßig werden in diesem Fördervorhaben daher folgende Entwicklungen und Untersuchungen durchgeführt:

- Sicherstellung der Zuverlässigkeit durch Aufbau eines Bordsystems in Industriestandard

- Entwicklung und Untersuchungen zum Erkennen von Fehlfunktionen (lMonitoring und Integrity)

- Untersuchungen zu den DGPS-Teilfunktionen DATA-Link, GPS-Ausbreitungsanomalien, GPS-Algorithmen und Lagebestimmung.

In Flugversuchen werden die neu entwikkelten Algorithmen, Funktionen und Komponenten vorab getestet, um zielgerichtet die gewonnenen Ergebnisse in der nächsten Phase einzuarbeiten.

Verkehrslenkung und Flottenmanagement

Das Thema "Verkehrslenkung und Flottenmanagement" ist zwar vorgesehen, wegen fehlender Mittel zur Zeit aber nicht realisierbar.

Modernisierung des Vermessungswesens

HPPS - Near-online-Positionierung für Landesvermessung

Entwicklung einer präzisen "near-online" Positionierung in der Landesvermessung mit Hilfe eines Netzes permanent messender GPS-Empfänger.

Beschreibung (Kurzfassung)

Gesetzliche Aufgabe der Landesvermessung ist es, landesweit einheitliche geodätische Bezugssysteme für alle öffentlichen Vermessungen bereitzustellen. Dies geschieht derzeit durch Festpunktfelder, deren vermarkte Punkte Basis für weitergehende Vermessungen sind.

Das Forschungs- und Entwicklungsvorhaben verfolgt die Idee eines "Hochpräzisen Permanenten Positionierungsservice (HP-PS)", der es unter Nutzung der DGPS-Technik erlauben würde, in vielen Anwendungsbereichen die vermarkten Festpunkte herkömmlicher Art zu reduzieren.

Mit einem weitmaschigen Netz von nur wenigen DGPS-Referenzstationen könnten sich Nutzer stattdessen mit höchster Genauigkeit (+/- 1 cm und besser) relativ zu diesen Referenzstationen positionieren. Die hohen Kosten für die Herstellung, Erhaltung und Benutzung der Festpunktfelder würden durch den Einsatz dieses Konzeptes erheblich gesenkt werden. Gleichzeitig entstünde eine ausgezeichnete Infrastruktur für alle Anwendungen der präzisen Navigation.

GPS in der Luftfahrt

GPS in den USA

Im Zusammenhang mit den GPS-Zulassungen in den USA sind einige Statements US-amerikanischer Behörden interessant. Dort hat u.a. die FAA einen Zeitplan entwickelt, GPS in das nationale Luftraum-System zu implementieren. Man folgt damit nicht zuletzt auch den Anregungen der Piloten, die GPS für IFR-Flüge einsetzen möchten. GPS kann nun inzwischen als Navigationssensor neben anderen NAV-Sensoren in einem sogenannten "Multi-Sensor-System" (MSS) verwendet werden, sofern dieses MSS zugelassen ist - für Sichtflüge.

Mit anderen Worten: GPS darf in den USA ab 1993 als sekundäres System für Streckenflüge, Landeanflüge und Non-Precision-Anflüge verwendet werden, sobald das vollständige GPS mit 24 Satelliten installiert ist und die bordseitigen GPS-Empfänger den behördlichen Vorschriften entsprechen.

GPS für IFR-Anflüge nach Category I ist nach der Planung einer US-Kommission für 1998 vorgesehen. Eine andere Kommission hingegen sieht einen Einsatz von einem "optimierten GPS" (z.B. DGPS) zur Navigation bei Streckenflügen, Landeanflügen und Non-Precision-Anflügen erst im Jahr 1999, gefolgt von einer möglichen Zulassung für CAT-I-Anflüge (automatische Landeanflüge) im Jahr 2005.

Auch in den USA ist man sich offensichtlich über realisierbare Zeitpläne bezüglich der GPS-Zulassungen noch uneinig. Übereinstimmung hingegen besteht bei der generellen Feststellung, daß GPS alle Optionen hat, die bestehenden konventionellen NAV-Systeme einmal weitgehend ersetzen zu können. Im Rahmen des "Federal Radionavigation Plan" (FRP) gab es im Jahr 1992 dazu bemerkenswerte Feststellungen (Quelle: K. Connes "LORAN, GPS and NAV/COMM-Guide"):

"GPS verfügt über das technische Potential, die meisten der vorhandenen Radionavigationssysteme hinsichtlich Genauigkeit und räumlicher Verfügbarkeit entweder zu erreichen oder zu übertreffen. Daraus folgend wird das Department of Transportation einige NAV-Systeme nacheinander stillegen, sobald die volle zivile Verfügbarkeit von GPS erreicht und gesichert ist. Allerdings werden solche Entscheidungen von einigen unabdingbaren Voraussetzungen abhängig sein, darunter unter anderem:

• Festlegung der Genauigkeit, räumlichen Verfügbarkeit, Integrity und System-Finanzierung.

• Die zivilen und die militärischen Anforderungen an das System müssen genauso erfüllt werden wie bei den vorhandenen NAV-Systemen.

• Die Preise für die GPS-Ausrüstungen ziviler Anwender müssen ökonomisch vertretbar sein.

• Es wird eine Übergangsregelung von 10-15 Jahren eingeführt.

• Es wird eine Einigung auf internationaler Ebene gefunden."

Lange hat sich die MLS-Lobby in den USA gegen GPS gewehrt, doch inzwischen, so scheint es, hat die immer größer werdende GPS-Gemeinde bei der FAA das Ruder herumreißen und erhebliche Pluspunkte pro GPS verbuchen können. Dafür spricht auch eine Passage aus einem Videoband der FAA, in dem GPS mit folgenden Worten glorifiziert wird:

"GPS wird man später einmal als den bedeutendsten Fortschritt in der Zivilluftfahrt seit der Einführung des Strahltriebwerks in den fünfziger Jahren ansehen - ein Meilenstein in der Luftfahrtgeschichte."

GPS in Deutschland

Status quo in der behördlichen Diskussion über die GPS-Satellitennavigation sind immer noch die Veröffentlichungen in den Nachrichten für Luftfahrer von März 1992 (NfL II-27/92). Den Text dieser NfL veröffentlichen wir auf den folgenden Seiten. Auch das Luftfahrt-Bundesamt (LBA) hat zu GPS keine weiterführenden Erkenntnisse, sondern schließt sich dem Inhalt der NfL an. Beim LBA wartet man ebenso auf Informationen und Entscheidungen aus den USA. Die Deutsche Flugsicherung (DFS, bis zum 31.12.92 Bundesanstalt für Flugsicherung, seit dem 1.1.93 privatisiert) gab im März 1993 auf Anfrage zu dem Thema "Satellitennavigation" folgende Stellungnahme ab:

"Obwohl schon seit einigen Jahren die Nutzung von Satellitennavigation (SAT-NAV) auf dem Gebiet der Luftfahrt intensiv diskutiert wird, ist beispielsweise die Verfügbarkeit von GPS im Krisenfall noch nicht eindeutig geklärt. Zudem existieren bisher keine international abgestimmten Standards der ICAO.

Das führt dazu, daß bei der DFS bis zum heutigen Zeitpunkt keine konkreten Pläne zur Umsetzung der operationellen Möglichkeiten von Satellitennavigation in Flugsicherungsverfahren vorliegen. Trotzdem werden im Fachbereich "Ortung und Navigation" GPS-Empfänger zur vorläufigen Standortbestimmung von Navigationsanlagen eingesetzt, besonders bei der Standorterkundung. Zwei der vier HS-748-Meßflugzeuge der DFS sind bereits mit GPS-Empfängern ausgerüstet. Diese Ausrüstung dient hierbei zum Updaten der Trägheitsplattform des INS (Inertial Navigation System, Trägheitsnavigation).

Des weiteren arbeitet die DFS in verschiedenen themenbezogenen ICAO- und Eurocontrol-Arbeitsgruppen an der Entwicklung und der bereits erwähnten Abstimmung internationaler Standards mit." Im folgenden nun der bereits erwähnte Text aus den NfL II-27/92:

Bekanntmachung über die Verwendung von GPS-Empfängern in der Allgemeinen Luftfahrt (NfL II-27/92)

Das Interesse der zivilen Luftfahrt an dem amerikanischen Satelliten-Navigationssystem NAVSTAR GPS hat in der letzten Zeit auch in der Bundesrepublik Deutschland deutlich zugenommen. Einer der Hauptgründe ist, daß für die zivile Nutzung dieses Systems immer preiswertere GPS-Empfänger angeboten werden.

Diese Empfänger werden entgegen der Rechtslage in Luftfahrzeugen mit deutscher Verkehrszulassung mitgeführt und auch betrieben. Nach § 1, Absatz 1, Nr 12, der Luftverkehrszulassungsordnung (LuftVZO) unterliegen auch GPS-Empfänger als Funkgeräte, soweit sie zum Einbau in Luftfahrzeuge bestimmt sind, der Musterzulassung durch das Luftfahrtbundesamt.

Laut § 27, Absatz 1, Nr 3, des Luftverkehrsgesetzes (LuftVG) dürfen Funkgeräte nur mit Erlaubnis mitgeführt werden, und gemäß § 79, Absatz 1, LuftVZO wird diese Erlaubnis erteilt, wenn Sicherheit und Ordnung im Luftverkehr dadurch nicht beeinträchtigt sind.

Die Satelliten des NAVSTAR GPS strahlen zwei unterschiedliche Arten von Navigationssignalen ab. Die sogenannten Präzisions-Code-Signale (P-Codes) sind der militärischen Nutzung vorbehalten, sie sind anderen Nutzern aufgrund einer Verschlüsselung nicht zugänglich. Die Navigationssignale des C/A-Codes (C/A = Coarse/Acquisition) sind aufgrund eindeutiger Veröffentlichungen des US-Verteidigungsministeriums für die allgemeine zivile Nutzung freigegeben.

Dennoch darf nicht außer acht gelassen werden, daß sich das System unter militärischer Verfügungsgewalt befindet, wobei sich die militärische Seite unterschiedliche Schaltzustände, welche die zivile Nutzung in unerwarteter Weise beeinträchtigen können, zu bestimmten Zeiten vorbehalten wird.

Weiterhin ist zu berücksichtigen, daß der Endausbau des Systems mit 21 operationellen Satelliten und 3 Reservesatelliten voraussichtlich erst 1994 abschlossen sein wird, was bedeutet, daß die Navigationsfunktion bis dahin noch zeitliche und räumliche Unterbrechungen aufweist.

(Anmerkung des Verfassers: Von der ursprünglichen Konzeption 21 + 3 Reservesatelliten spricht man inzwischen nicht mehr. Die gesamte Betriebskonfiguration umfaßt nunmehr 24 Satelliten, die 1993, spätestens Mitte 1994, im Orbit sein sollen.)

Dem GPS-Navigationssystem haftet z.Z. noch eine Reihe erheblicher Schwächen an. Hier einige Beispiele:

• Dem Nutzer wird nicht oder nicht rechtzeitig angezeigt, wenn die Meßdaten nicht mehr verlässlich sind und damit z.B. Positionsdaten außerhalb der Toleranz liegen.

• Da das GPS im Bereich sehr hoher Frequenzen arbeitet, muß bei tieffliegenden Luftfahrzeugen mit Signalabschattungen im bergigen Gelände und durch hohe Gebäude gerechnet werden. Die Anzahl der Satelliten, die der GPS-Empfänger "sieht", wird dadurch reduziert. Mit Abschattungen ist z.B. auch durch Teile des Luftfahrzeuges in bestimmten Fluglagen zu rechnen.

• GPS-Navigationsempfänger ohne ausreichenden Schutz des Empfängereingangs können durch Aussendungen von Hochleistungs-Radarstationen und Gleichwellen-Senderketten beschädigt werden, wenn ein Sicherheitsabstand von 300 Meter zu diesen Bodenstationen unterschritten wird. Darüber hinaus muß in grösseren Abständen mit Verfälschungen gerechnet werden.

• Bei einem GPS-Empfänger muß der Nutzer auch in Betracht ziehen, daß infolge von Mehrwege-Effekten die Position des Flugzeuges falsch gemessen, aber nicht sofort als falsch erkannt wird.

• Der zivile Nutzer hat noch keine Garantie dafür, daß ihm die zivile Genauigkeit (100 Meter) jederzeit und überall zur Verfügung steht. In Fällen, bei denen die US-Verteidigung Reduzierungen vornimmt, erhält der zivile Nutzer nach bisherigem Stand keine Warnanzeige.

• Zur Zeit gibt es für GPS-Empfänger noch keine verbindlichen Anforderungen der zivilen Luftfahrtbehörden, obwohl seit einer Reihe von Jahren in einer speziellen Arbeitsgruppe der European Organization for Civil Aviation Equipment (EUROCAE) daran intensiv gearbeitet wird. Es muß also damit gerechnet werden, daß heute verfügbare GPS-Empfänger nicht alle zukünftigen Forderungen der Behörden erfüllen.

Zieht man aus der gegenwärtigen Situation ein Fazit, so ist es verständlich, daß a) die ICAO die GPS-Navigation noch nicht anerkennen kann und daß b) z.Z. keine zivile Institution bereit ist, für GPS die weltweite Verantwortung zu übernehmen.

Obwohl heute bereits erkennbar ist, daß nach der Lösung der Hauptprobleme das Satelliten-Navigationssystem NAVSTAR GPS auch in der zivilen Luftfahrt eine große Bedeutung erlangen wird, kann z.Z. eine Verwendung von GPS-Empfängern im zivilen Luftfahrzeugen mit deutscher Verkehrszulassung nur verantwortet werden, wenn sie ausschließlich als zusätzliche Navigationshilfe für Flüge nach Sichtflugregeln dienen, wie sie in der gültigen Fassung der Luftverkehrsordnung (LuftVO), 3. Abschnitt, in den §§ 28-34 beschrieben sind.

Wie bereits einleitend festgestellt worden ist, unterliegen GPS-Empfänger der Musterzulassung. Diese wird auf Antrag des Geräteherstellers vom Luftfahrtbundesamt nach einer Musterprüfung erteilt. Der Antrag muß als Anlage enthalten:

1. Den Nachweis, daß das Muster aufgrund seiner Eigenschaften und Leistungen unter Beachtung der festgelegten Verwendungsgrenzen einen zulässigen Betrieb gewährleistet,

2. die für den Betrieb des Gerätes und

seine Instandhaltung erforderlichen Betriebsanweisungen,

3. die für den Einbau des Gerätes und seine Antennen notwendigen Anweisungen und Verkabelungspläne,

4. den Nachweis, daß die Zulassungsprüfung beim Zentralamt für Zulassungen im Fernmeldewesen efolgreich durchgeführt worden ist.

GPS-Empfänger und ihr notwendiges Zubehör dürfen nach erteilter Musterzulassung nur von LBA-anerkannten luftfahrttechnischen Betrieben mit dem Anerkennungsumfang "Avionic-Geräte und Avionic-Anlagen" eingebaut werden. Es muß sichergestellt sein, daß der GPS-Empfänger die geforderte Flugsicherungsausrüstung des Luftfahrzeuges nicht durch schädliche Strahlung mehr als betrieblich vertretbar beeinträchtigt.

Seit einiger Zeit stehen der Allgemeinen Luftfahrt auch Multisensor-Navigationssysteme zur Verfügung, die außer einem VLF/OMEGA-Navigationsempfänger auch einen GPS-Empfänger enthalten. Weitere Sensoren wie LORAN-C und VOR-DME sind möglich. Ziel der Nutzung verschiedener Sensor-Signale ist unter anderem, weltweit zu einer höheren Navigationsgenauigkeit zu kommen, als sie z.B. nur mit den VLF/OMEGA-Systemen erreichbar ist.

Wenn in der Musterprüfung durch das Luftfahrt-Bundesamt festgestellt wird, daß Ausfälle im NAVSTAR GPS oder die Verschlechterung der Leistung des GPS-Empfängers keinen Einfluß auf die Navigationsgenauigkeit oder die Betriebsbereitschaft des OMEGA-Empfängers haben, ist die Verwendung von GPS-Empfängern in Multisensor-Navigationssystemen zulässig.

Das Institut für Angewandte Geodäsie, Frankfurt, unterhält ein GPS-Informations- und -Beobachtungssystem (GIBS). Dort können (z.Z. kostenlos) aktuelle GIBS-Nutzerhinweise zum Systemstatus von GPS abgerufen werden:

Telefonansage 069.6333-435 oder
DATEX-P Nr. 4569002304

18.03.1992 / LR 15/66.16.30
Bundesministerium für Verkehr

Ergänzung (NfL II - 20/93)

Im Hinblick darauf, daß in naher Zukunft keine anwendbaren Lufttüchtigkeitsanforderungen für GPS-Empfänger zur Verfügung stehen werden, wird ergänzend zur "Bekanntmachung über die Verwendung von GPS-Empfängern in der Allgemeinen Luftfahrt" vom 18.03.1992 (NfL II - 27/92) die Forderung nach Musterzulassung dieser Geräte bis auf weiteres ausgesetzt. Die übrigen in der Bekanntmachung getroffenen Feststellungen bleiben unberührt.

Insbesondere muß sichergestellt sein, daß der GPS-Empfänger die geforderte Flugsicherungsausrüstung des Luftfahrzeuges nicht durch schädliche Strahlung mehr als betrieblich vertretbar beeinträchtigt. Der Einbau von GPS-Empfängern und des notwendigen Zubehörs darf nur von LBA-anerkannten Luftfahrttechnischen Betrieben mit dem Anerkennungsumfang "Avionik-Geräte" und "Avionik-Anlagen" eingebaut werden.

01.02.1993 / LR 15/66.16.30
Bundesministerium für Verkehr

Landeanflüge mit INLS

Das Integrierte Navigations- und Landesystem (INLS), eine Entwicklung der Deutschen Aerospace, erlaubt die Landeanflugführung an jedem nicht mit Bodenanlagen wie ILS oder MLS ausgerüsteten Flugplatz. Dadurch können sowohl konventionelle lineare als auch gekrümmte Landeanflüge durchgeführt werden. Unter schlechten Sichtbedingungen sind auch Landeanflugführungen und Steigflugführungen mit hoher Präzision möglich.

Vom INLS können die Informationen der zugehörigen Sensoren Attitude Heading Reference System (AHRS), alternativ Inertial Reference System (IRS) sowie GPS und GLONASS verarbeitet werden. Während für den Streckenflug, den TMA-Flug und den Non-Precision-Approach kein Data-Link und damit auch kein Differential-GPS erforderlich ist, verarbeitet das System automatisch Informationen des Data-Link, sobald es für den Precision Approach in den Empfangsbereich einer Bodenstation kommt.

Mit den hiermit übertragenen Informationen werden in Echtzeit Differential-Korrekturen an Bord berechnet, so daß die Systemfehler des GPS einschließlich SA korrigiert werden können.

Neben den Daten der System-Sensoren werden vom INLS die Daten aller an Bord eines Flugzeuges konventionell vorhandenen Sensoren verarbeitet: Radarhöhe, VOR, DME und auch VLF-OMEGA und Doppler-Navigation, falls vorhanden.

Aus den Meßdaten aller Systeme wird der gesamte Flugzustand mit Positionen, Geschwindigkeiten, Beschleunigungen, Drehgeschwindigkeiten und Lagewinkeln bestimmt. Daneben werden die Sensoren des Subsystems zum Integrity-Monitoring im bordautonomen Integrity Modul eingesetzt. Neben der reinen Ortung wird von dem System die Führung des Flugzeuges entsprechend den Anforderungen eines Flugplans durchgeführt. Alle Daten, die zur Durchführung eines Fluges notwendig sind, werden den gängigen Avionic-Standards (z.B. ARINC 429) entsprechend definiert und zur weiteren Verarbeitung an den Flight Control Computer (FCC), das Electronic Flight Instrument System (EFIS) sowie, falls vorhanden, an den Flight Management Computer (FMC) geleitet.

GPS in der Seefahrt

DASA-Seenotruf-System auf Inmarsat-E- und GPS-Basis

Die Ausrüstung von Seeschiffen mit einer Seenotboje ist zwingend vorgeschrieben. Die vom Dornier-geführten Produktbereich "Satelliten- und Nutzungssysteme" entwickelte Boje meldet im Einsatzfall folgende Daten:

- Schiffkennung
- Letzte Position
- Kurs
- Geschwindigkeit
- Datum/Uhrzeit der Notruf-Auslösung
- Art des Notfalls

Das Seenotruf-System wird über das weltweit operierende Inmarsat-Satelliten-System betrieben. Dabei werden 99,9 % der Gebiete abgedeckt, die von der kommerziellen Schiffahrt genutzt werden. Zwölf Satelliten in vier Alarmierungszonen sorgen derzeit für absolut zuverlässige Verbindungen. Die von der DASA-Seenot-Boje gesendeten Signale, die von einem Dokumentendrucker in der Seenot-Leitung

Bremen ausgegeben werden, enthalten alle für die Rettungsaktion notwendigen Informationen (siehe Seite 147).

Positions-, Kurs- und Geschwindigkeitsdaten werden über den in der Boje integrierten GPS-Empfänger ermittelt und kontinuierlich aktualisiert. Dadurch ist sichergestellt, daß die Rettungsmannschaften jederzeit die aktuelle Position des in Not befindlichen Schiffes haben.

Die Boje enthält alle für die Notruf-Übertragung erforderlichen Teile: 1-Watt-Sender, Digitalteil zur Aufbereitung der Meldung, GPS-Empfänger, Blitzlampen und Batterien für einen 48-Stunden-Betrieb. Die Auslösung erfolgt manuell oder durch Aufschwimmen der Boje.

Seenotboje auf einem Schiffsdeck. Die Ausrüstung von Seeschiffen mit einer Seenotboje ist zwingend vorgeschrieben. Diese von Dornier entwickelte Boje meldet im Einsatzfall Schiffkennung, letzte Position, Kurs, Geschwindigkeit, Datum und Uhrzeit der Notruf-Auslösung sowie die Art des Notfalls (oben).

Seenotboje. Leuchtend orange, mit phosphoreszierenden Streifen beklebt und mit Blinkleuchte versehen: Die Boje für das Seenotrufsystem INMARSAT-E, entwickelt im von Dornier geführten Produktbereich "Satelliten- und Nutzungssysteme" (rechts).

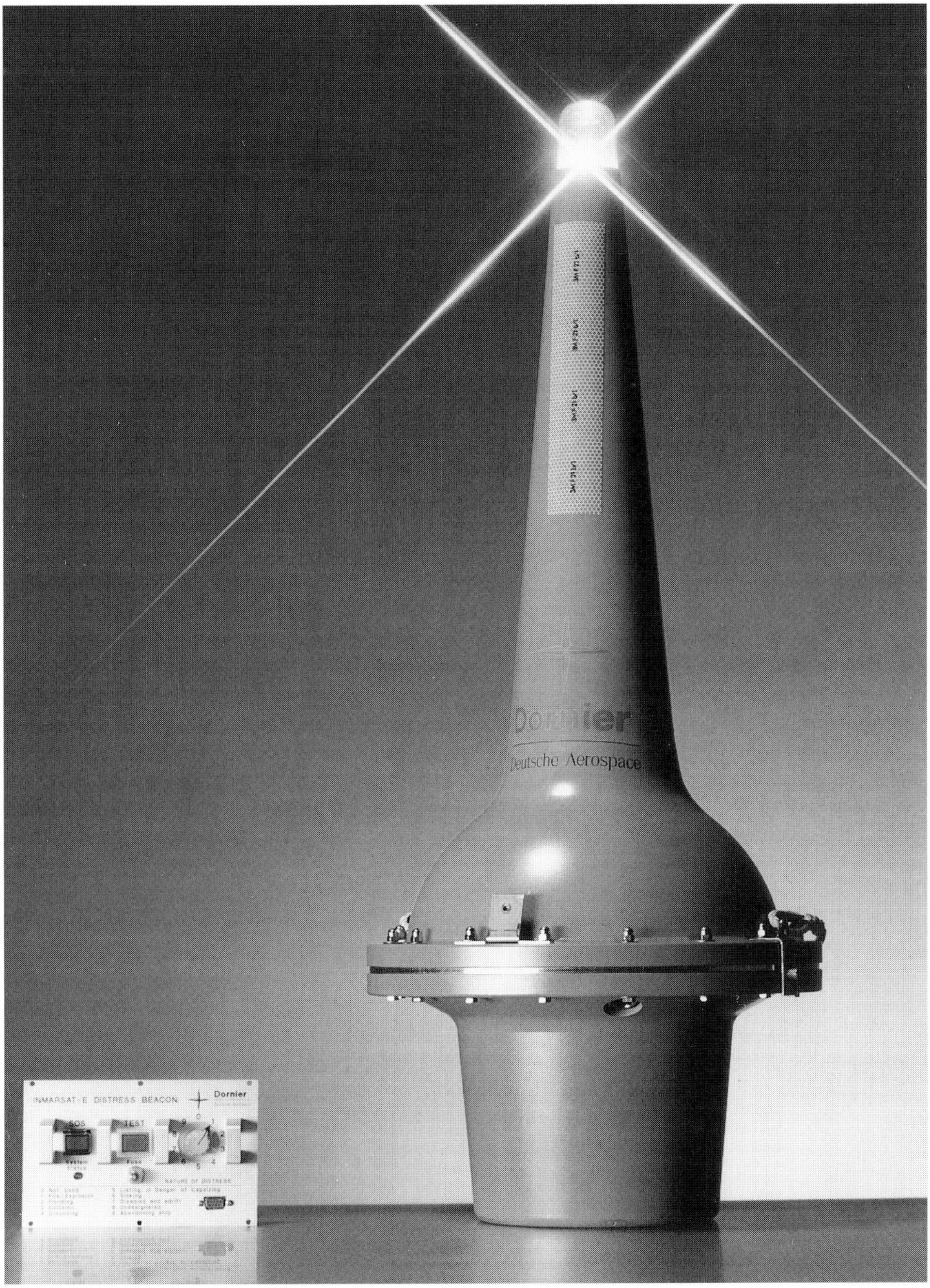
Dornier
Deutsche Aerospace
INMARSAT-E DISTRESS BEACON
Dornier
SOS
TEST
NATURE OF DISTRESS

Anwendungen der Satellitennavigation im Bordbetrieb

Anläßlich der DGON-Tagung im Jahr 1992 hielt Prof. Dr. B. Berking (Fachhochschule Hamburg, Fachbereich Seefahrt) einen Vortrag über Satellitennavigation in der Schiffahrt und erwähnte dabei neben den bahnbrechenden Vorteilen des neuen Navigationssystems aber auch wichtige Anforderungen an GPS. Durch GPS gibt es in der Schiffahrt wichtige Anwendungsmöglichkeiten für den Bordbetrieb, von denen einige zur Zeit realisierbar sind.

So ermöglicht GPS eine ständige und genaue On-Line-Positionsanzeige (Monitoring von Position und Bahn) in der elektronischen Seekarte (ECDIS).

Durch die hohe Genauigkeit von GPS wird auch die automatische Bahnführung erleichtert, in manchen Gebieten mit engeren Fahrwassern kann überhaupt erst dank GPS gefahren werden.

Bei integrierten Navigationssystemen (z.B. Überlagerung von Position, ECDIS und Radar) und dem Ein-Mann-Wachbetrieb, die eine kontinuierliche und automatische Ortsbestimmung erfordern, kann GPS als genauer und zuverlässiger Hauptsensor zur Verfügung stehen. GPS kann auch dazu beitragen, die Aktivitäten des Wachoffiziers von der Ortsbestimmung mehr zur Verkehrsüberwachung und anderen Aufgaben der Schiffsführung zu verlagern.

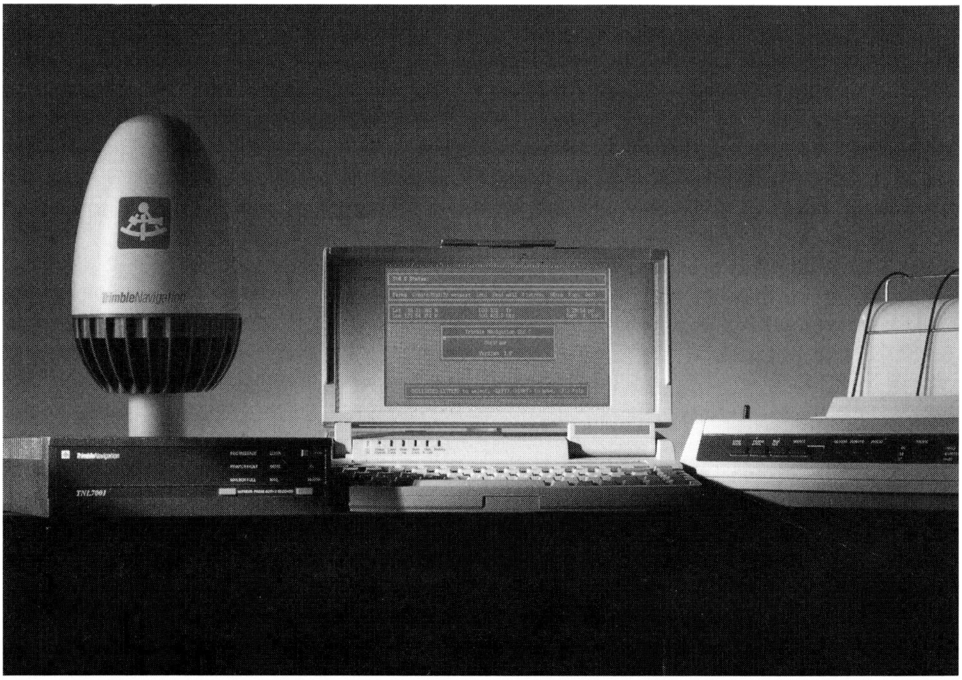

Ship Earth Station "Galaxy INMARSAT-C/GPS von Trimble. GPS-Navigation und INMARSAT-C-Kommunikation in einem Multi-Receiver für die Seefahrt.

Spezialfunktionen bei GPS-Empfängern, wie z.B. die MOB-Funktion (Man Over Board), führen schneller und sicherer zu der gesuchten Position als andere Verfahren. Auch Drehkreise usw. können mit GPS ausgeführt und überwacht werden. Die Kombination GPS mit Satellitenkommunikation (Inmarsat-Satelliten) trägt außerdem erheblich zu einer Verbesserung des Seenotrettungswesens bei.

Wie bei dem landgebundenen Flottenmanagement per GPS/Inmarsat wird in der Seefahrt die Nutzung von Vessel Traffic Management Systemen (VTMS) erleichtert. Identisch mit dem Landverkehr benötigen VTMS-Systeme für die Identifizierung von Schiffen die hochgenaue bordseitige Ortsbestimmung und die Übermittlung des Standortes an die Zentrale. In der Zukunft können mit GPS weitere Anwendungen im Bordbetrieb eingeführt werden.

- Automatische Pier-Anlegemanöver

- Erfassung der vertikalen Schiffsposition (z.B. aufgrund unterschiedlicher Tidenverhältnisse) und Verwendung als Kontrollsystem zur Tiefenmessung

- Ermittlung von Roll-, Gier- und Stampfbewegungen

Ein typisches Anwendungsbeispiel ist die elektronische Seekarte. In einer ECDIS (Electronic Chart Display and Information System) werden hydrografische Seekarteninformationen aus Datenbanken, aktuelle Navigationsdaten (u.a. Position und Bahn des eigenen Schiffes) und voraussichtlich auch die Bewegungen anderer Schiffe (durch Radarbild-Überlagerung) integriert und zu jeder Zeit angezeigt.

Die Kenntnis der exakten Position ist für die Einführung und Anwendung von ECDIS ebenso wie die Erstellung der umfangreichen und international abgestimmten hydrografischen Datenbanken eine notwendige Voraussetzung. Ohne ein hochpräzises Positionsbestimmungsverfahren ist eine Einführung von ECDIS nicht sinnvoll.

Viele Aufgaben erfordern DGPS

Neben der Positionsbestimmung von Schiffen und dem Einsatz bei VTMS können Satellitennavigationsverfahren zahlreiche andere Aufgaben in der Schiffahrt erfüllen. Für viele der im folgenden genannten Anwendungen ist allerdings Differential GPS erforderlich.

- Küstenvermessung

- Dynamische Positionierung

- Festlegen der Fahrwasserbegrenzung

- Positionierung von Off-Shore-Objekten

- Erdgebundene Arbeiten (Verlegung von Röhren, Bagger), Probefahrt-Meßsysteme (Manövrierversuche, Fahrtmessungen)

- Einsparung von Seezeichen

- Zahlreiche weitere Sonderaufgaben im Schiffahrtbereich

- Anwendungen in Schiff/Schiene/Straße-Verbundsystemen, z.B. das Abstellen und Lokalisieren von Containern (Aerodata)

Zusammenfassung

Die Einführung eines genauen sowie weltweit und jederzeit verfügbaren Positionsbestimmungssystem wird in der Seefahrt immer dringender. Der zivile Dienst des GPS (SPS) erfüllt zwar schon viele Anforderungen aus der Schiffahrt, jedoch erst mit DGPS wird GPS voll nutzbar. Die Verfügbarkeit und Verläßlichkeit des Systems muß für eine offizielle Anerkennung und Zulassung sichergestellt sein.

Durch die ständige Verfügbarkeit der genauen Schiffsposition und durch die zunehmende Integration werden Art und Rolle der Navigation in der Schiffahrt stark verändert. Die Einführung eines leistungsfähigen Satellitennavigationssystems bietet zahlreiche wesentliche Anwendungsmöglichkeiten im Bereich der Schiffahrt. Sie erhöht die Sicherheit des Schiffsverkehrs und bringt auch wirtschaftliche Vorteile mit sich. Man kann wegen der großen Vorteile davon ausgehen, daß letztlich alle Schiffe, die technische Navigationsmittel benötigen, mit Satellitennavigationsempfängern ausgerüstet werden.

GPS im Landverkehr

Fahrzeugmanagement mit Inmarsat-C und GPS

Speditionen z.B. sind die Anwender von COLOS (COmmunication and LOcation System), einer von Dornier entwickelte PC-Software für Transportunternehmen. Alle Auftragsdaten können per PC (ab 386er) von der Unternehmenszentrale per Inmarsat-Satellit an jeden LKW übermittelt werden. Jeder LKW ist dabei mit einem Inmarsat-C-Kommunikationsterminal ausgerüstet.

Wird in jedem LKW noch ein GPS-Empfänger angeschlossen, kann die Position eines jeden Flottenfahrzeuges auf digitalisierten Landkarten am Bildschirm der Zentrale dargestellt werden. Die Vorteile eines solchen Kommunikations- und Ortungssystems liegen auf der Hand: Vereinfachung bei der Auftragsabwicklung, Reduzierung von Leerfahrten, Vermeidung von unnötigen Umweg-Kilometern und Standzeiten.

Auch im Ausland gibt es vielversprechende Versuche mit GPS-Flottenmanagement. Der finnische Holzhandelskonzern Enso-Gutzeit zum Beispiel hat in einem Feldversuch einige Holztransport-Fahrzeuge mit GPS-Empfängern ausgerüstet.

Die satellitengestützte Positionsbestimmung und Ortung erspart den Fahrern in den riesigen finnischen Wäldern die Suche nach Fahrwegen. Sobald die Testphase mit den ersten LKWs abgeschlossen ist, plant Enso-Gutzeit, seine aus über 200 Transportfahrzeugen bestehende Flotte vollständig mit GPS-Empfängern auszurüsten.

INMARSAT-C-Fahrzeugterminal. Der Fahrer hat via Satellit eine neue Fracht zugewiesen bekommen und bestätigt den Fahrtantritt einfach per Knopfdruck (Quelle: Dornier, rechts oben).

COLOS, der vielseitige Helfer für das Flottenmanagement von Dornier: Das Softwarepaket COLOS hilft den Disponenten bei der täglichen Abwicklung von Transportaufträgen. Digitale Straßenkarten ermöglichen eine optimale Routenplanung (rechts unten).

Bosch-Travelpilot für Kraftfahrzeuge

Der von der Firma Bosch entwickelte "Travelpilot" ist ein autonomes, zweidimensionales Fahrzeugnavigationssystem, daß als Orientierungshilfe für Autofahrer entwickelt wurde. Dabei werden die Radbewegungen mit Hilfe von zwei Radsensoren erfaßt und die absolute Fahrtrichtung gegenüber Nord durch einen eingebauten elektronischen Kompaß ermittelt. Die Daten beider Sensoren werden zu einer Koppelnavigation zusammengefaßt und ständig mit einem digitalisierten Straßennetz verglichen.

Als Ergebnis erhält der Autofahrer seine aktuelle Position auf dem Display des Travelpiloten, der zugleich das umgebende Straßennetz zeigt. Auch der Zielpunkt der Fahrt kann eingegeben werden. Er wird dann ebenfalls auf dem Monitor dargestellt.

Voraussetzung für einen umfassenden Einsatz des Systems ist, daß das gesamte Straßennetz der Bundesrepublik Deutschland in digitalisierter Form auf CD-ROMs vorliegt. Sind noch nicht alle Gegenden erfaßt, können z.B. Kurvenfahrten in einem nicht-digitalisierten Straßenbereich zu erheblichen Abweichungen von der Fahrtroute führen.

In Kombination mit einem GPS-Empfänger und einem elektronischen Barometer können jedoch diese Fehlereinflüsse weitgehend kompensiert werden. Es lassen sich somit kontinuierlich dreidimensionale KFZ-Positionen berechnen. Primär beruhen diese Messungen auf den Daten des GPS-Empfängers, zur Überbrückung der Datenlücken und zur Glättung der Meßgrößen wird auf die beiden anderen Sensoren zurückgegriffen.

Als zentraler Steuerungsrechner für alle drei Sensoren dient ein im Fahrzeug befindlicher Laptop, der mit den Sensoren über serielle Schnittstellen kommuniziert.

Das Braunschweiger Unternehmen Aerodata Flugmeßtechnik liefert an Bosch DGPS-Anlagen, mit denen noch nicht in den Straßenkarten enthaltene neue Strekken abgefahren werden. Dadurch sind Updates der digitalisierten Karten problemlos möglich. Gegenüber einer Aktualisierung mit Luftaufnahmen ist die Methode mit dem DGPS-Verfahren von Aerodata erheblich kostengünstiger.

Anwendungsmöglichkeiten

Die KFZ-Navigation und -positionierung ermöglicht z.B. eine präzise Fahrzeugüberwachung. Darunter ist u.a. die Erfassung und Kontrolle von Fahrtrouten (VIP, Geld- und Gefahrengut, Sondermüll) zu verstehen. Flottenüberwachung und Einsatzsteuerung sind z.B. für Polizei, Feuerwehr, Rettungs- und Servicedienste aber auch für Speditionen interessant.

Durch die exakte Übermittlung der Positionsdaten der einzelnen Fahrzeuge an eine zentrale Stelle können kontinuierlich die wechselnden Standpunkte der eingesetzten Fahrzeuge verfolgt werden. Dadurch wird ein schnelleres Handeln im Notfall und eine wirtschafliche Disposition ermöglicht.

Digitale Kartendarstellung von Aerodata, Ausschnitt: Innenstadt von München (rechts oben).

Digitale Kartendarstellung von Aerodata, Ausschnitt: Flughafen Braunschweig. (rechts unten).

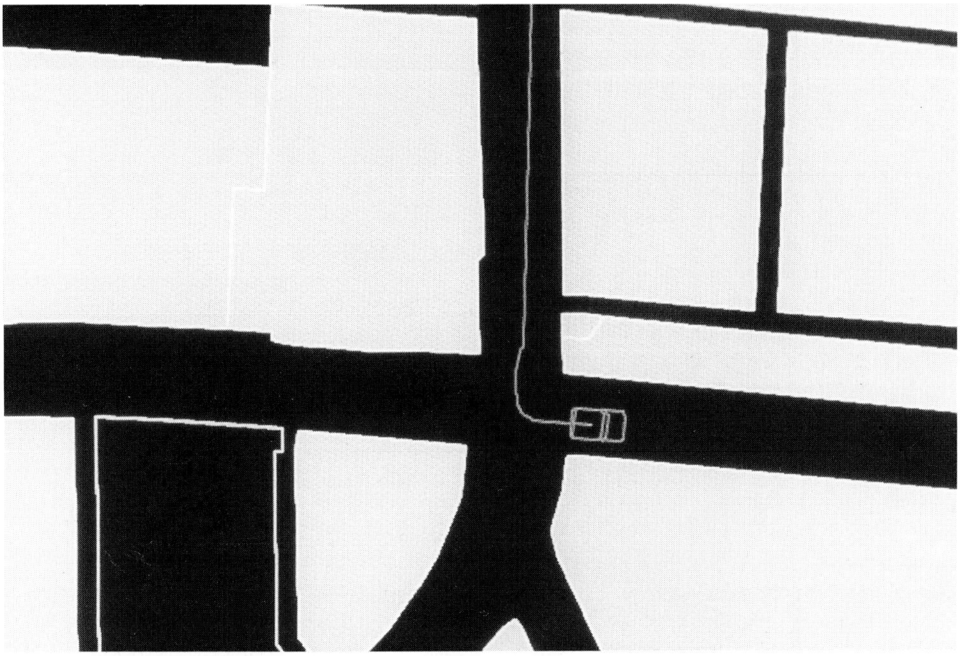

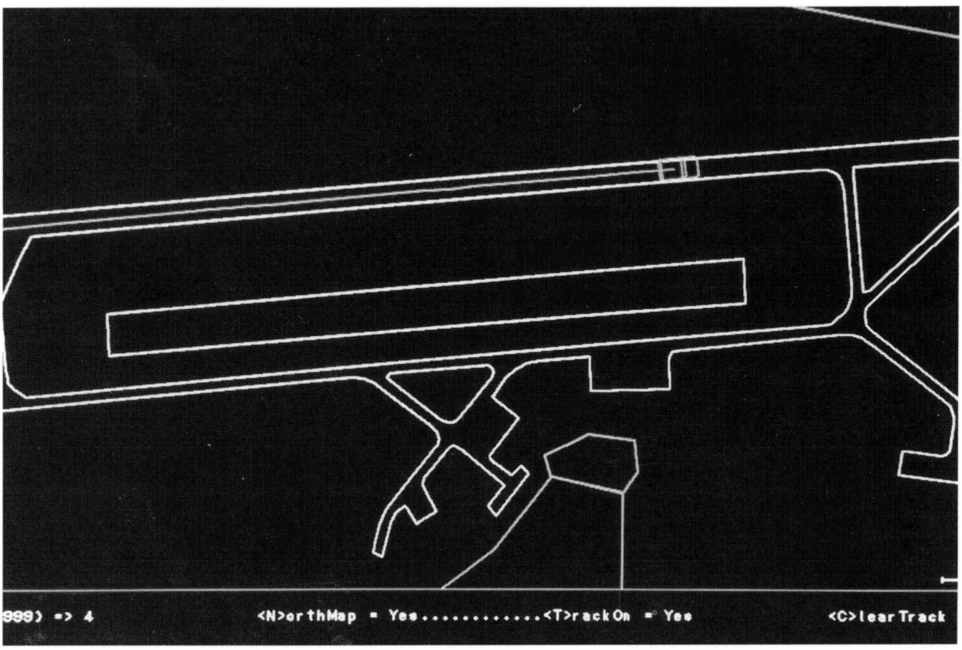
999) => 4
<N>orthMap = Yes.............<T>rackOn = Yes
<C>learTrack

Fahrzeugortung und Flottenmanagment mit GPS

Einen interessanten Beitrag über künftige GPS-Anwendungen in der Landnavigation (Fahrzeugortung, Flottenmanagement) lieferte Dr. Ing. B. Hossfeld, STN Systemtechnik Nord, Hamburg, bei der DGON-Tagung über Satellitennavigation 1992.

Während überregionale Ferntransporte mit der GPS-Standardgenauigkeit von 100 bis 300 m völlig ausreichend abgewickelt werden können, erfordert die Landnavigation im regionalen Einsatz einen Genauigkeitsbereich von 5 bis 10 m, der nur durch die DGPS-Technologie sichergestellt werden kann.

So ist daran gedacht, Referenzstationen einzurichten, die etwa im Umkreis von 100 km Korrekturdaten aussenden und in einem möglichst breiten Anwendungsspektrum genutzt werden sollen. Noch völlig offen sind aber alle Fragen über den Betrieb, die Kosten und möglichen Entgelte eines solchen Dienstes für die Allgemeinheit.

Bei den Landverkehrsanwendungen ist damit zu rechnen, daß viele Betreiber wie etwa Feuerwehren und Rettungsdienste ihre eigenen Referenzstationen einrichten und unabhängig von anderen Nutzern betreiben werden. In allen Fällen des Flottenmanagements, bei denen es nicht um die hochgenaue Fahrzeugnavigation geht, kann nämlich ein vereinfachtes DGPS-Verfahren angewendet werden, das nur die Positionsdarstellungen in der Zentrale korrigiert und somit die Einrichtung zusätzlicher Sende- und Empfangsanlagen erübrigt.

Während also die Betreiber satellitengestützter Ortungssysteme die Funktionen im vorgegebenen Genauigkeitsbereich zur Verfügung stellen, bleibt es allein dem Anwender überlassen, Vorkehrungen gegen die möglichen Risiken, insbesondere im Hinblick auf die Verläßlichkeit der Ortungsgenauigkeit zu treffen.

Bei der Satellitenortung sind im Landverkehr 2 Anwendungen zu unterscheiden:

- Die Navigationsunterstüzung für den ortsfremden Fahrer mit der überwiegenden Nutzung im Individualverkehr und
- das Flottenmanagement, bei dem die Positionsangaben neben anderen Informationen zur überwiegend kommerziellen Nutzung in die Fahrzeugdisposition einfließen.

Verschiedene Fahrzeugnavigationsanlagen sind seit der Einführung des Bosch-Travelpiloten bekannt und werden künftig sicherlich als GPS-gestützte Systeme verfügbar sein. Im folgenden soll auf die Flottenmanagementsysteme näher eingegangen werden, die dem Zweck einer möglichst wirtschaftlichen Nutzung von Transportkapazitäten dienen. Für die Betreiber von Fahrzeugflotten, z.B. für einen Spediteur, ergeben sich verschiedene Vorteile:

- Verringerung von Standzeiten
- Verringerung von Leerfahrten
- Optimierte Fahrtrouten in Abhängigkeit von der aktuellen Verkehrssituation
- Terminsicherung.

Am Beispiel des Fahrzeugortungs- und Dispositionssystems VELOC der STN Systemtechnik Nord GmbH soll die Funktionsweise eines solchen Flottenmanagementsystems erläutert werden.

Digitale Kartendarstellungen auf der Tracking- und Display-Station Trimble "StarView" für Verkehrs- und Flottenmanagement.

VELOC besteht aus drei aufeinander abgestimmten Komponenten, die je nach Anwendung und Einsatzbereich an besondere Anforderungen angepaßt werden können:

• Die aktuelle Fahrzeugposition ist für die Zwecke der Routenplanung unabdingbar, sie wird automatisch mit Hilfe von GPS-Empfängern in den Fahrzeugen ermittelt. Dabei sind diese Informationen weniger für die Fahrer als vielmehr für den Disponenten in der Zentrale vorgesehen.

• Die Datenübertragung zwischen den Fahrzeugen und der Zentrale dient sowohl der Kommunikation in beiden Richtungen als auch der automatischen Information über den Fahrzeug- und Beladungsstatus, abhängig von den an Bord installierten Sensoren (z.B. zur Füllstands- oder Temperaturmessung).

• Die übermittelten Fahrzeuginformationen werden zentral ausgewertet. Die Zentrale führt auch das eigentliche Flottenmanagement durch. Hierfür werden EDV-Anlagen installiert, die im Stand-Alone-Betrieb oder im Verbund mit Frachtverwaltungsrechnern oder Einsatzleitsystemen die benötigten Informationen aufbereiten und darstellen. Die Darstellung ist auch in Verbindung mit digitalen Karten möglich.

Das VELOC-System wurde unter der Zielsetzung entwickelt, den Disponenten und die Fahrer von den Routineaufgaben der Datenaufbereitung und -übertragung weitgehend freizuhalten und diese Aufgaben einem Rechner zu übertragen. Dafür ist eine geeignete Hard- und Software in den Fahrzeugen wie in der Zentrale erforderlich. Durch das modulare Systemkonzept von VELOC kann ein breiter Anwenderkreis angesprochen werden. Mit VELOC können sowohl Satellitenkommunikation über Inmarsat Standard C für überregionale Anwendungen (z.B. Ferntransporte) als auch terrestrische Datenfunksysteme wie Modacom, Chekker oder D-Netz für regionale Einsatzbereiche kombiniert werden.

In die Daten, die auf Abruf oder automatisch in bestimmten Zeitintervallen ausgesendet werden, können neben der Fahrzeugkennung, der Position und der Uhrzeit auch Informationen über die Beladung integriert werden. So kann z.B. der Fahrer eines Paketdienstes die angenommenen und ausgelieferten Sendungen mittels Barcodeleser identifizieren und die Daten per Knopfdruck an die Zentrale übertragen. Dadurch kennt der Disponent nicht nur die Standorte der Fahrzeuge, sondern auch den Weg jedes einzelnen Paketes. Dies ist gerade bei Eil- und Wertgutsendungen von besonderem Interesse für die Kunden.

Weitere Anwendungen sorgen im Transportbereich für mehr Sicherheit. So erhöht die ständige Erreichbarkeit der Zentrale per Satellit die Sicherheit für den Fahrer bei Pannen, Unfällen oder Überfällen, besonders bei Ferntransporten in Länder mit nicht ausreichender Kommunikationsinfrastruktur. Auch wenn der Fahrer ortsfremd ist, kann der Disponent im Notfall den LKW-Standort feststellen und sofort Hilfemaßnahmen einleiten.

Ebenso werden das unbefugte Öffnen des Laderaums oder Anlassen des Motors mit entsprechenden Sensoren erfaßt und als Alarmmeldung an die Zentrale geleitet. Vollautomatische Überwachungssysteme werden zur Zeit im Rahmen der Containerortung entwickelt. Unbeladene Spezialcontainer kosten häufig schon rund 100.000 DM und mehr, so daß das Wiederauffinden durch die satellitengestützte Ortung sowohl für Firmen als auch für Versicherungen interessant ist.

Auch in Städten werden Flottenmanagementsysteme eingesetzt. Zusätzlich zum Frachtverkehr kommen hier Polizei, Feuerwehr und Rettungsdienste als potentielle Nutzer in Betracht. Gerade im Rettungswesen ist die Frage, welches Fahrzeug mit welcher Ausrüstung einsatzbereit ist und am schnellsten zum Einsatzort gelangen kann, von entscheidender Bedeutung. In diese Entscheidungen können per Rechnerverbindung Verkehrslageinformationen einfließen. Auch Patientendaten lassen sich zur Vorbereitung der Behandlung in die Klinik übertragen. Nicht zuletzt haben natürlich auch Rettungsdienste wie alle anderen Transportunternehmen Interesse an einem effektiven und wirtschaftlichen Einsatz ihrer Transportmittel.

Der Markt wird sich in den kommenden Jahren, nicht zuletzt auch wegen des gemeinsamen EG-Marktes, diesen Anwendungen öffnen. Durch die zu erwartende Nachfragesteigerung werden attraktivere Preise als heute erwartet. Dadurch lassen sich neue und breitere Anwendungsbereiche auch im Landverkehr erschließen.

Stau-Warnung aus dem All: Satellitennavigation in Japan

Das kontinuierlich wachsende Verkehrsaufkommen belastet nicht nur Autofahrer in Form von Staus, sondern auch die Umwelt. Die Folgen sind erhöhter Kraftstoffverbrauch, Luftverschmutzung und Lärm. Um den Verkehr zu entzerren, werden in Japan Navigations- und Verkehrsleitsysteme entwickelt und bereits erfolgreich eingesetzt.

Die japanischen Automobilhersteller konzentrieren sich derzeit in erster Linie auf den Einsatz moderner Navigations- und Verkehrsleitsysteme zur umweltfreundlichen Gestaltung des Individual- und Transportverkehrs. In Kooperation mit dem japanischen Verkehsministerium wird so die Installation von Leitstrahlsendern am Straßenrand und der Ausbau vorhandener Informationssysteme wie dem Radio-Data-System (RDS) forciert, um ein umfangreiches Verkehrsmanagement aufzubauen.

Dabei berücksichtigen Japans Produzenten nicht nur die Verkehrsbedürfnisse des eigenen Landes, sondern beobachten auch die Situationen in anderen Nationen und entwickeln Systeme, die weltweit einsetzbar sind.

Bereits 1983 stellte Toyota den ersten elektronischen Kompaß vor. Das "Toyota-Electronic-Multivision-System" lieferte dem Fahrer durch Grafiken und Zahlen Informationen. Zwei Jahre später wurde das System mit einem CD-ROM-Speicher ausgestattet, der digitale Straßenkarten Japans zeigte und die Position des Fahrzeugs angab.

Mittlerweile bedienen sich zahlreiche Leitsysteme in japanischen Automobilen des "Global Positioning Systems" (GPS), das auch Flugzeuge und Schiffe weltweit auf wenige Meter genau ins Ziel führt. Über den Kontakt zu im Orbit stationierten Satelliten wird die Position des Automobils exakt angegeben. Der Fahrer kann Informationen über einen Bildschirm im Armaturenbrett ablesen oder sie sich von einem "elektronischen Beifahrer" (Voice-Computer) mitteilen lassen. Ergänzend hierzu wurde ein serienreifes "Head-up-Display" entwickelt, das alle Daten auf die Windschutzscheibe projiziert und dadurch zur Fahrsicherheit beiträgt.

Die Satellitennavigation soll allerdings nach den Vorstellungen japanischer Verkehrsplaner auch weiteren Anforderungen genügen. Ziel ist es, über die Einzeldaten aller Fahrzeuge zu einer kontrollierten Verkehrslenkung mit einem integrierten Parkleitsystem zu kommen. Dabei sollen Zentralrechner aus der Summe der individuellen Fahrtzielangaben die voraussichtliche Belastung der Brennpunkte des Straßennetzes berechnen.

Voraussetzung für den sinnvollen Einsatz dieses Leitsystems ist eine rasche Verbreitung der bereits verfügbaren Satellitennavigationsgeräte. Sie müssen für den Verbraucher erschwinglich sein. In Japan gilt, daß sich durch die Ausstattung mit entsprechenden Geräten der Anschaffungspreis eines Fahrzeugs nicht um mehr als rund 2.000 DM verteuern darf.

Flankierend zu diesen Maßnahmen statten japanische Fahrzeugproduzenten ihre Modelle zunehmend mit CD-Geräten aus, die nicht nur für Musikgenuß sorgen. Auf einer Compact Disc werden die Basisdaten für weite Landesteile zusammengefaßt und bei Bedarf in den Bordcomputer eingespeist. Diese Entwicklung ist zudem für Japans Automobilexport bedeutend. Weltweit können die Märkte mit entsprechenden Compact Discs beliefert werden.

Kapitel 4
Anhang

GPS-Satelliten-Herstellung bei Rockwell International, Seal Beach, USA (Aerodata).

Alphabetisches Verzeichnis und Glossar der Akronyme und Fachwörter aus Navigation und Satellitennavigation

Im folgenden Verzeichnis sind die wichtigsten Akronyme, die mit GPS im Zusammenhang stehen, gefolgt von ihrer englischen Bedeutung und deutscher Übersetzung enthalten. Akronyme sind Kunstwörter, die aus den Anfangsbuchstaben mehrerer Wörter gebildet sind (z.B. Global Positioning System = **GPS**). Akronyme werden immer in Versalien geschrieben. Die zugehörigen englischen Fachwörter sind grundsätzlich großgeschrieben, um die Bildung der Akronyme zu verdeutlichen. Neben den Akronymen sind teilweise auch englische Fachbegriffe, die kein Akronym haben, enthalten.

Das Verzeichnis basiert weitgehend auf der internationalen englisch-amerikanischen Terminologie der Satellitennavigation. Zu beachten ist, daß Unternehmen, Institute und auch Behörden zum Teil unterschiedliche Akronyme für gleiche Begriffe verwenden. Dies betrifft besonders Anzeigen von Daten auf Displays und die Beschriftung von Instrumenten- und Geräte-Bedienteilen.

Wegen der großen Bedeutung der Satellitennavigation für die internationale Luftfahrt sind, soweit sie in direktem Zusammenhang stehen, entsprechende Luftfahrt-Fachbegriffe aufgenommen worden. Auch wurden einige Fachwörter mit ihren Akronymen aus der EDV-Technik übernommen, sofern sie auf die Satellitennavigationstechnik anwendbar sind oder dazu in Beziehung stehen.

Zusätzlich werden die wichtigsten Begriffe aus der Satellitennavigation kurz erklärt (Glossar), damit der Leser während des Studiums des Buches jederzeit die Terminologie samt Kurzerläuterung verfügbar hat.

Handelt es sich bei Akronymen u.a. auch um Datenbezeichnungen auf Displays und Beschriftungen von Instrumenten- und Gerätebedienteilen (Control Display Units), so ist dies nach dem deutschen Begriff mit (CDU-LBL) vermerkt. **CDU-LBL** steht dabei für **Control Display Unit Labels** (Label = Beschriftung).

Es muß darauf hingewiesen werden, daß dieses Verzeichnis wegen der komplexen und die einzelnen Wissenschaftsbereiche übergreifenden Thematik nicht vollständig sein kann. Es dient lediglich einer grundlegenden Orientierung über die GPS-typische Terminologie. Wer sich eingehend mit den technischen Details beschäftigen möchte, sei auf spezielle Lexika und wissenschaftliche Fachbücher verwiesen.

Für Anregungen und Ergänzungsvorschläge zu diesem Akronym- und Fachwörterverzeichnis, die in späteren Auflagen berücksichtigt werden, sind Autor und Verlag dankbar.

A

A/D > Analog/Digital > Elektronischer Baustein (Wandler), der analoge in digitale Signale umsetzt. Bei der Umkehrung dieses Vorganges werden digitale in analoge Signale umgesetzt (D/A).

AS > Anti Spoofing > Eine technische Maßnahme des DOD, bei der in politischen Krisen- oder Spannungszeiten der GPS-P-Code durch einen geheimgehaltenen Y-Code ersetzt wird, um Täuschung durch gegnerische Störsender zu unterbinden.

AC > Alternate Current > Wechselstrom

Acquisition > Akquisition > Erfassen eines neuen (aufgehenden) Satelliten im GPS-Empfänger. Danach geht der Empfänger in den Verfolgungsbetrieb über.

ACTV > Active > Aktiv, aktiviert (CDU-LBL)

AD > Aerodrome > Flughafen (CDU-LBL)

ADF > Automatic Direction Finder > Radiokompaß (CDU-LBL)

AeroNav > Spezielles GPS-Navigationsverfahren der Aerodata, Braunschweig, bei dem GPS und GLONASS gemeinsam genutzt werden. Durch die Kombination von DGPS und INS werden Genauigkeiten im Zentimeter-Bereich erzielt. Die AeroNav-Versionen B (Basic), D (Differential) und P (Precision) unterscheiden sich durch die erreichbare Genauigkeit.

AGC > Automatic Gain Control > Verstärkungsregelung, automatische

AHRS > Attitude Heading Reference System > Fluglage- und Kursführungssystem zur Stützung und Ergänzung von GPS-Empfängern.

AIP > Aeronautical Information Publication > Luftfahrthandbuch

AIS > Aeronautical Information Service > Flugberatungsdienst

ALM > Alarm > Alarm (CDU-LBL)

Almanac > Almanach > Begriff aus der Astronomie, Vorläufer der Jahrbücher. Jahrbücher enthalten die wichtigsten Angaben über den Kalender, die Bewegung der Sonne, des Mondes und der Planeten sowie die Örter der Sterne des Sternenkataloges und zahlreiche Tabellen zur Orts- und Zeitbestimmung. In der Satellitennavigation versteht man unter Almanach die Daten der gesamten Satellitenkonstellation in geringerer Genauigkeit als die in den Ephemeriden enthaltenen Einzeldaten.

ALT > Altimeter > Höhenmesser > Altitude > Höhe (CDU-LBL)

AMP > Amplifier > Verstärker

ANSI > American National Standards Institute > Im EDV-Sprachgebrauch: Von dem US-Institut (ANSI) entwickelte spezielle Zeichenfolge zur Ansteuerung von Bildschirmen und Tastaturen bei Computern.

ANT > Antenna > Antenne > Bei GPS-Empfängern eine ungerichtete Antenne mit Rundumbedeckung für den Empfang aller Satelliten im Elevationsbereich 10-90 Grad.

APPR > Approach > Anflug

APT > Airport > Flughafen (CDU-LBL)

ARINC > Arinc-Bus > Bus-Standard nach Arinc (Name für ziviles Bus-System).

ASCII > American Standard Code for Information Interchange > Allgemein in der EDV gebräuchlicher Zeichencode, der systemübergreifend verwendet wird und damit den Datenaustausch zwischen Rechnern standardisiert.

ATC > Air Traffic Control > Flugverkehrskontrolle

ATIS > Automatic Terminal Information Service > Ausstrahlung von Lande- und Startinformationen, automatische

AUTO > Automatic > Automatisch (CDU-LBL)

Avionic > Avionik (Flugzeug-Elektronik)

Azimut > AZ > Azimut (Winkel zwischen Radialstandlinie und Nordrichtung), bei GPS: Der Winkel, der durch die Standlinie Satellit-GPS-Empfänger und geographisch Nord gebildet wird.

B

BAT > Battery > Batterie (CDU-LBL)

BBS > Computer Bulletin Board System > Einrichtung des GIBS, liefert Hintergrundinformationen zur Positions-, Geschwindigkeits- und Zeitbestimmung mit GPS.

BCE > BroadCast Ephemeris > Bahndaten mit 10-m-Genauigkeit

BCE SA > BroadCast Ephemeris with SA > Bahndaten mit 20- bis 80-m-Genauigkeit

BCN > Beacon > Funkfeuer

BHS > Bundesamt für Seeschiffahrt und Hydrographie (früher: DHI, Deutsches Hydrographisches Institut)

BITE > Build-In-Test-Equipment > System-Prüfeinrichtung

BRG > Bearing > Peilung (CDU-LBL)

BRG WPT > Bearing To Waypoint > Peilung zum Waypoint(CDU-LBL)

BRT > Bright > Hell (CDU-LBL)

BUS > Databus > Bus, Digitale Datensammelschiene

BZT > Bundesamt für die Zulassung in der Telekommunikation (früher: FTZ, Fernmeldetechnisches Zentralamt)

C

C/A-Code > Coarse/Acquisition-Code > Code für die grobe Erfassung, Signalcode für zivile GPS-Nutzer. C/A-Code wird häufig auch mit Common-Access- oder Civil-Access-Code (Code für zivilen Zugang, Zugriff) erklärt.

CAS > Calibrated Airspeed > Fluggeschwindigkeit, berichtigte (CDU-LBL)

CAT > Category > In der Luftfahrt gibt es verschiedene Kategorien automatischer Landeanflüge: CAT I, II, III a, b, c. Bei CAT I + II wird automatisch angeflogen, aber vom Piloten gelandet. CAT III läßt sogar automatische Landungen unter bestimmten Bedingungen zu.

CD ROM > Massenspeicher (bis zu 650 Megabyte) für umfangreiche Datenmengen, z.B. digitalisierte Straßen- oder Seekarten, Databases usw.

CDI > Course Deviation Indicator > Kursablageanzeiger eines GPS-Empfängers, der auf LCD-Bildschirmen meistens in Form von Balken erscheint.

CDU > Control Display Unit > Anzeige/Bedienteil eines GPS-Empfängers

CDU-LBL > Kennzeichnung der Akronyme in diesem Fachwörterverzeichnis, die als Datenbezeichnungen auf Displays und Beschriftungen von Instrumenten- und Gerätebedienteilen (Control Display Units) verwendet werden.

CH > Compass Heading > Kompaß-Steuerkurs

CHAN > Channel > Kanal (CDU-LBL)

CLR > Clear > Lösch(taste) (CDU-LBL)

CM > Core Module > GPS-Sensor

CMG > Course Made Good > Gefahrener Kurs (Seefahrt, CDU-LBL)

CNCL > Cancel > Löschen, Aufheben, z.B. von in einen RAM eingegebenen Daten.

COG > Course Over Ground > Kurs über Grund (Seefahrt, CDU-LBL)

COM > Communication > Fernmeldeverkehr

Compass > Kompaß

Control Segment > Bodenstationen des GPS, bestehend aus einer Master Control Station und verschiedenen Monitor Stations.

Coordinate Systems > Koordinatensysteme, definieren geografische Positionen auf der Erde mit bestimmten Gitteranordnungen (z.B. geograf. Koordinaten, UTM, OSGB).

CPA > Closest Point of Approach > Nähester Anflugpunkt

CPU > Central Processing Unit > Zentraleinheit eines Computers.

CRS > Course > Kurs (CDU-LBL)

CRT > Cathode Ray Tube > Kathodenstrahl-Röhre (Bildröhre)

CTRL > Control > Kontrolle, Regelung (CDU-LBL)

CTS > Course To Steer > Steuerkurs

CW > Carrier Wave > Trägerwelle

D

D/A > Digital/Analog > siehe: A/D

D/T > Distance/Time > Entfernung/Zeit

DA > Density Altitude > Dichtehöhe

Database > Daten-Cassette (Cartridge) für den Einsatz in Flugmanagementsystemen und Navigationsempfängern bei Flugzeugen. Weltweit führend bei solchen Datenbanken für die Luftfahrt (Frequenzen, Koordinaten, Kennungen, Flugstrecken usw.) ist das Unternehmen Jeppesen-Sanderson, USA. Durch regelmäßige Updates (Datenaktualisierung) alle 28 Tage ist eine zuverlässige Datenversorgung für die Anwender/Abonnenten sichergestellt. Databases gibt es für verschiedene Regionen in der Welt. Bei GPS-Empfängern werden integrierte (Updates nur durch den Fachhändler) oder durch den Anwender wechselbare Databases eingesetzt. Im Luftfahrtbereich unterscheidet man bei den GPS-Empfängern verschiedene Databases: Airport Database, VOR/NDB-Database und User defined Database (anwenderdefinierte Database).

Datenverarbeitungsprozessor > Aufgabe in einem GPS-Empfänger: Auswertung und Verknüpfung aller Satellitensignale mit externen Daten, Navigationsberechnungen, Verwaltung und Speicherung von Betriebsdaten, Steuerung aller Empfängerfunktionen und der Schnittstellen. Verwendet werden Mikroprozessoren und Speicherelemente (ROM, RAM) ähnlich wie bei Personal Computern.

Datum > Bezeichnung für nationale oder internationale Kartenbezugssysteme, die auf bestimmten mathematischen Modellen der Form der Erde beruhen. Je nach verwendeter Karte ist bei der Navigation mit GPS-Empfängern darauf zu achten, daß das zugehörige Kartenbezugssystem in den Empfänger eingegeben wird. Die Standard-GPS-Navigation beruht auf dem internationalen Karten-Datum WGS84 (Andere: z.B. ED50 für Europa, Clarke 66 für USA und Kanada, Clarke 80 für Afrika usw.

DBR > Differential Beacon Receiver > Mit einem GPS-Empfänger gekoppelte separate Empfangseinheit für den Empfang von Korrektursignalen einer DGPS-Bodenstation (z.Zt. nur Seefahrt).

DC > Direct Current > Gleichstrom

DECCA > VLF-Navigationsverfahren

DEG > Degree > Gradangabe bei Kursen (CDU-LBL)

DEN ALT > Density Altitude > Dichtehöhe

DEST > Destination > Bestimmungsort (CDU-LBL)

DFS > Deutsche Flugsicherung

DG > Directional Gyro > Kreiselkompaß

DGON > Deutsche Gesellschaft für Ortung und Navigation > Die DGON ist in Deutschland federführend bei sämtlichen Aktivitäten, die die Satellitennavigation betreffen. Seit 1989 koordiniert die DGON SATNAV-relevante Arbeiten im DGON Fachausschuß Weltraumtechnik, bearbeitet SATNAV-Schwerpunktthemen, erarbeitet Expertisen und Empfehlungen und führt entsprechende Fachveranstaltungen durch.

DGPS > Differential Global Positioning System > Verfahren, das bei SA auf 100 m Genauigkeit limitierte Satellitensignal zu korrigieren. Dabei werden von einer DGPS-Bodenstation (GPS-Referenzempfänger), die an einem exakt vermessenen Punkt steht, die Fehler (Uhrenfehler der Satelliten, ungenaue Ephemeriden, ionosphärische und troposphärische Laufzeitfehler usw.) jedes Satellitensignals gemessen, korrigiert und als Korrektursignal zur Verwertung an mobile DGPS-Stationen (Flugzeuge, Schiffe, Fahrzeuge) gesendet. Die Fehlerkorrektur erfolgt bei der Bodenstation durch Vergleich ihrer exakten, bekannten Position mit der Position, die mittels der Satellitensignale errechneten wurde. Die Empfänger-interne Verarbeitung der Satellitensignale und der Korrekturdaten bei den Mobilstationen ermöglichen eine Genauigkeit bis in den Zentimeterbereich.

DIR > Direct > Direkt (Direction = Richtung) (CDU-LBL)

DISP > Display > Anzeige, Instrumententafel, Bildschirm (CDU-LBL)

DIST > Distance > Entfernung (CDU-LBL)

DME > Distance Measuring Equipment > Entfernungsmeßgerät

DMG > Distance Made Good > Zurückgelegte Distanz (Seefahrt, CDU-LBL)

DOD > Department of Defence > US-Verteidigungsministerium, Betreiber des GPS-Systems

DOP > Dilution Of Precision > Maß für die Signalbedeckungsgeometrie > Man unterscheidet HDOP (Horizontalebene, zweidimensional), VDOP (Vertikale, eindimensional), TDOP (Zeit, eindimensional), PDOP (Position, dreidimensional) und GDOP (Vollständige Geometrie, vierdimensional). Für den Positionsfehler in der navigatorischen GPS-Praxis ist der PDOP wichtig. Ein PDOP-Wert von 1 entspräche der idealen Satellitengeometrie für die dreidimensionale Positionsbestimmung. Werte unter 3 gelten als "gut", Werte über 8 als "schlecht". Werte zwischen 3 und 8 liefern durchschnittliche Ergebnisse.

DOPP > Doppler Radar (CDU-LBL)

DOT > Department Of Transportation > US-Verkehrsministerium

DR NAV > Dead Reckoning Navigation > Koppelnavigation (CDU-LBL)

DREF > Seit 1991 amtliches deutsches GPS-orientiertes Kartenbezugssystem.

DT > Direct To > Funktion zum direkten Abruf eines Waypoints, oft auch als D, mit einem nach rechts weisenden Pfeil durchkreuzt, dargestellt. (CDU-LBL)

DT > Desired Track > Geplanter Kurs

DVOR > Doppler VOR > Doppler VOR

DVORTAC > Doppler VORTAC > Doppler VORTAC (Kombination aus DVOR und TACAN-Anlage)

E

EAT > Expected Approach Time > Anflugzeitpunkt, voraussichtlicher (CDU-LBL)

ECDIS > Electronic Chart Display and Information System > Elektronisches Seekartensystem

EDIT > Edit > Editieren, auch: Bearbeiten gespeicherter Daten (CDU-LBL)

EET > Estimated Elapsed Time > Flugdauer, voraussichtliche (CDU-LBL)

Elevation > Elevation > Höhe eines Gestirns. In der Satellitennavigation wird die Elevation eines Satelliten in Winkelgraden angegeben. GPS-Satelliten können u.a. in Abhängigkeit von der Qualität und der Position der Antenne bereits zur Navigation akquiriert werden, sobald ihre Elevation mehr als 5 Grad über dem Horizont liegt. Standard ist aber eine Elevation von mehr als 10 Grad.

ELT > Emergency Locator Transmitter > Notsender

ENT > Eingabe, Bestätigung (CDU-LBL)

Ephemeris > Ephemeris, plural: Ephemeriden > Geozentrische Örter eines Himmelskörpers und der Himmelskugel mit zeitlich konstantem Abstand, die an astronomischen Recheninstituten vorausberechnet und in astronomischen oder nautischen Jahrbüchern (ebenfalls Ephemeriden genannt) veröffentlicht werden. Sie dienen zum raschen Aufsuchen der Gestirne und der genauen Orts-, Positions- und Zeitbestimmungen. In der Satellitennavigation versteht man unter Ephemeris die präzisen eigenen Positions- und Bahndaten des einzelnen Satelliten.

ETA > Estimated Time Of Arrival > Ankunftszeit, geschätzte (CDU-LBL)

ETD > Estimated Time of Departure > Startzeit, voraussichtliche (CDU-LBL)

ETE > Estimated Time Enroute > Flugdauer

ETO > Estimated Time of Overfly > Überflugzeit, geschätzte (CDU-LBL)

ETRF89 > European Terrestrial Reference Frame 1989 > In 1989 als DGPS-Netz angelegtes Raster von GPS-Punkten für die europaweite amtliche Landesvermessung.
EUREF/DREF > GPS-orientiertes geodätisches Kartenbezugssystem.
EUREF89 > siehe ETRF89

F

FAA > Federal Aviation Administration > US-Luftfahrtbehörde
Fail Hard > Ausfallempfindlich (Elektronik, Instrumente)
Fail Safe > Ausfallsicher (Elektronik, Instrumente)
Fail Soft > Ausfallunempfindlich (Elektronik, Instrumente)
FL > Flight Level > Flugfläche
Flag > Anzeigeflagge (z.B. OFF-Flagge bei VOR/LOC)
FLPL > Flight Plan > Flugplan
FM > Frequency Modulation > Frequenz Modulation
FMS > Flight Management System > Flugmanagement-System
FROM > FR > FROM (Anzeige bei VOR) (CDU-LBL)
FRQ > Frequency > Frequenz (CDU-LBL)
FT > Feet > Fuß (Maßeinheit für Flug- und Flugplatzhöhe) (CDU-LBL)

G

G > G-Number > G-Zahl (Einheit der Beschleunigung)
GAIN > Gain > Verstärkung (Antennen und Verstärker)
GDOP > Siehe DOP
Geodesy > Geodäsie > Vermessungskunde > Wissenschaft und Technik der Bestimmung von Form und Größe der Erde bzw. von Teilen ihrer Oberfläche.
Geodetic Receiver > Geodäsie-Empfänger > GPS-Empfänger für hochpräzise Standortangaben, die einen wesentlich aufwendigeren Aufbau als normale C/A-Code-Navigationsempfänger haben. Sie unterscheiden sich z.B. durch die Verarbeitung der L1- und L2-Trägerwellen (codelose Auswertung beider GPS-Frequenzen) und Auswertung des P-Codes.
Geoid > Äquipotentialfläche (Fläche gleichen Potentials) des Erdschwerefeldes, die auf den Ozeanen genähert mit der mittleren Meeresoberfläche zusammenfällt und unter den Kontinenten fortgesetzt gedacht werden kann. Das Geoid dient als Bezugsfläche für Höhenmessungen.
GHz > Giga-Hertz > Giga-Hertz (Frequenzeinheit). Im GHz-Bereich liegen z.B. die Primär- (L1) und Sekundärfrequenz (L2) des GPS.
GIBS > Nationaler GPS Informations- und Beobachtungsdienst, Einrichtung des Instituts für Angewandte Geodäsie für GPS-Nutzer in Deutschland. Die Daten werden über ein BBS zur Verfügung gestellt.
GLONASS > GLObal NAvigation Satellite System > russisches Satellitennavigationsverfahren mit z.Zt. 15 Satelliten im Orbit. Der Endausbau sieht 24 Satelliten wie bei GPS vor. Die durchschnittliche "Lebensdauer" eines GLONASS-Satelliten liegt nach den bisherigen praktischen Erfahrungen bei ca. 2-3 Jahren, die von GPS-Satelliten bei ca. 5-7 Jahren.
GND > Ground > Grund
GNSS > Global Navigation Satellite Systems > Sammelbezeichnung für GPS und GLONASS, die beiden einzigen weltweit z.Zt. existierenden Satellitennavigationssysteme.
GOTO > Goto > "Gehe zu", Waypoint-Abruf, ähnliche Funktion wie Direct To (CDU-LBL)
GP > Glidepath, Glideslope > Gleitweg (CDU-LBL)
GPS > Global Positioning System > NAVSTAR GPS, US-amerikanisches Satellitennavigationsverfahren mit insgesamt 24 Satelliten

im Endausbau (1993). Die Entwicklung von GPS begann 1973 in den USA.

GPS All-In-View Receiver > GPS-Empfänger mit 12 Kanälen

GPS-Core-Module > GPS-CM > GPS-Empfangseinheit (auch GPS-Sensor genann) ohne eigenes Anzeige/Bedienteil, ausgelegt für die Kommunikation mit externen Datengeräten über verschiedene Schnittstellen.

GPS-CDU > GPS-Control Display Unit > GPS-Anzeige/Bedienteil, an das der GPS-Sensor angeschlossen wird.

GPS-Engine > GPS-Empfangseinheit ohne eigene Stromversorgung zur Integration in andere Systeme, z.B. in Flight Management Systemen (FMS).

GPS-Hand-Held-Receiver > Portabler GPS-Empfänger in kleiner Bauart, vorwiegend für Batteriebetrieb ausgelegt. Hand-Held-GPS-Empfänger werden wegen ihrer kleinen Abmessungen und ihres geringen Gewichts bevorzugt bei Expeditionen u.ä. eingesetzt.

GPS-REC > GPS-Receiver > Control Display Unit und GPS-Empfangsteil (Sensor) in einem Gehäuse. Die Antenne ist bei portablen Geräten meistens eingebaut, optional kann häufig auch eine externe Antenne angeschlossen werden. Bei stationären Geräten (Einbaugeräte) wird eine separate, externe Antenne angeschlossen.

GPS-SENS > GPS-Sensor > GPS-Empfangseinheit ohne Anzeige/Bedienteil (Core-Module oder Engine).

GPS-Signal > GPS-Signalaufbau >
C/A-Code 1023 MHz
P/Y-Code 10,23 MHz
L1-Signal 1575,42 MHz
L2-Signal 1227,60 MHz
NAV-Daten 50 Hz

Great Circle > Großkreis > Großkreis-Entfernungen sind die kürzesten Strecken zwischen 2 Punkten auf der Erde, die als gezeichnete Verbindung immer eine Kurve ergeben (Ausnahmen: genauer Nord- und Südkurs sowie genauer Ost- und Westkurs am Äquator).

GS > Glideslope, Glidepath > Gleitweg beim ILS > auch Ground Speed > Geschwindigkeit über Grund (CDU-LBL)

H

HDG > Heading > Steuerkurs (CDU-LBL)

HDOP > Siehe DOP

HF > High Frequency > Kurzwelle (3 MHz - 30 MHz)

HI > High > Hoch (Anzeige, Schalterstellung) (CDU-LBL)

HLD > Hold > Halten, "einfrieren" einer Anzeige (CDU-LBL)

HUD > Head Up Display > Blickfelddarstellungsgerät

Hz > Hertz > Hertz (Frequenzeinheit)

IJ

IAS > Indicated Airspeed > Fluggeschwindigkeit, angezeigte (CDU-LBL)

IC > Integrated Circuit > Integrierter Schaltkreis

ICAO > International Civil Aviation Organization > Internationale Zivilluftfahrt Organisation

ID > Identifier > Kennung, z.B. von Satelliten (CDU-LBL)

IFGS > Integrated Flight Guidance System > Integriertes Flugführungssystem

IFR > Instrument Flight Rules > Instrumentenflugregeln

ILS > Instrument Landing System > Instrumentenlandesystem

IMC > Instrument Meteorological Conditions > Instrumentenflugwetterbedingungen

INIT > Initialize > Initialisieren, Setzen von Einschalt- bzw. Startbedingungen, z.B. bei GPS-Empfängern (CDU-LBL).

Inklination > Bahnneigung von Satelliten. GLONASS-Satelliten haben eine Inklination von 64,8 Grad, GPS-Satelliten von 55 Grad.

INMARSAT > International Maritime Satellite Organization > INMARSAT ist eine nicht auf Gewinn ausgerichtete, internationale Organisation von derzeit 64 Mitgliedern, die sich mit Satelliten-Kommunikationstechniken befaßt und verschiedene Satellitendienste zur Verfügung stellt.

INS > Inertial Navigation System > Trägheitsnavigationssystem

Integrity > Integrität eines GPS-Empfängers > Unter Integrity ist einmal die Fähigkeit eines Systems zu verstehen, zeitgerechte Warnungen an den Benutzer auszugeben, sobald das System nicht mehr zur Navigation verwendet werden sollte. Eine andere Definition sieht vor, daß, sobald der Positionsfehler einen definierten Grenzwert überschreitet, innerhalb einer bestimmten Zeitspanne Alarm ausgelöst wird (Time To Alert). Die Integrity ist das Schlüsselproblem bei der Zulassung von GPS als Navigationshilfe in der Zivilluftfahrt.

Integrity Monitoring > Zweistufige Methode (Detektion und Isolation) zur Eliminierung eines Satelliten, der fehlerhafte Daten liefert, aus der Navigationslösung. Nach der Ermittlung des Positionsfehlers aus redundanten Messungen wird dieser mit einem Schwellwert verglichen. Bei Abweichung wird der die fehlerhaften Signale liefernde Satellit identifiziert und isoliert.

Interface > Schnittstellen an elektronischen Rechnern. Bei GPS-Empfängern unterscheidet man Schnittstellen im wesentlichen nach folgenden Standards: NMEA 0180, 0182, 0183, RTCM SC-104; ARINC 429, MIL STD 1553, RS 232 C, RS 422.

IOC > Initial Operational Cabability > Operative Verfügbarkeit des gesamten GPS, bestehend aus 24 Satelliten (Mitte 1993).

Ionosphere > Ionosphäre > Schicht in der Erdatmosphäre, die von 80 bis etwa 450 km reicht. Durch Sonneneinstrahlung wird diese Schicht ionisiert und dadurch elektrisch leitend. Kurzwellen werden an dieser Schicht reflektiert (positiver Effekt: Weltweiter Empfang von KW-Sendungen). Nachteilig ist für die GPS-Navigation, daß aus dem Weltraum von GPS-Satelliten ankommende Signale gebrochen und damit in ihrer Laufzeit verändert werden.

IRS > Inertial Reference Sensor > Trägheitssensor

K

Kalman-Filter > Bauteil in einem GPS-Empfänger. Mit einem Kalman-Filter können nicht direkt meßbare Größen geschätzt werden. Voraussetzung: Mathematische Formulierung eines physikalischen Zusammenhangs zwischen den gesuchten und den gemessenen Größen.

Key > Taste (CDU-LBL)

kHz > Kilo-Hertz > Kilo-Hertz (Frequenzeinheit)

Kinematik > Bewegungslehre > Mit kinematischen GPS-Empfängern werden z.B. fahrdynamische Untersuchungen bei Kraftfahrzeugen usw. vorgenommen.

KT > Knot > Knoten (Seemeile (NM) = 1,852 km), Plural: KTS, Knots (CDU-LBL)

L

L1 > Hauptfrequenz des GPS-Satellitensignals (1,57542 GHz)

L2 > Sekundärfrequenz des GPS-Satellitensignals (1,227 GHz), Verwendung nur bei Geodäsie- und P-Code-Empfängern möglich.

Laser Gyro > Laserkreisel

LASTFIX > Last Fix > Letzter bekannter Standort, Waypoint (CDU-LBL)

LAT > Latitude > Breitengrad (CDU-LBL)

LBA > Luftfahrt-Bundesamt

LCD > Liquid Crystal Display > Flüssigkristallanzeige

LED > Light Emitting Diode > Leuchtdioden (Opto-Elektronische Anzeige)

LF > Low Frequency > Langwelle (30 kHz - 300 kHz)

LO > Low > Niedrig (Anzeige, Schalterstellung) (CDU-LBL)

LOC > Localizer > Landekurssender

LON > Longitude > Längengrad (CDU-LBL)

LOP > Line Of Position > Standlinie

LORAN C > **LO**ng **RA**nge **N**avigation > VLF-Navigationsverfahren, eingeführt 1977 nach dem Einstellen von LORAN A

Low > LO > Niedrig (Anzeige, Schalterstellung)

M

MAG > Magnetic > Magnetisch

Magnetic Compass > Kompaß, Magnet-

MAP > Mapping > Karteneinblendung in Displays für navigatorische Zwecke (CDU-LBL)

MDE > Mode > Betriebsart, Modus

MED > Medium > Mittlere Empfindlichkeit, Lautstärke, Intensität usw. (CDU-LBL)

MF > Medium Frequency > Mittelwelle (300 kHz - 3 MHz)

MH > Magnetic Heading > Mißweisender Kurs

MHz > Megacycles Per Second > Mega-Hertz (Frequenzeinheit)

MIL > Military > Militärisch

MKR > Marker Beacon > Markierungsfunkfeuer

MLS > Microwave Landing System > Mikrowellen-Landesystem

MM > Middle Marker > Haupteinflugzeichen (Teil des ILS)

MOB > Man Over Board > Mann-über-Bord-Funktion bei GPS-Empfängern (Seefahrt)

MOD > Mode > Modus, Betriebsart (CDU-LBL)

MMD > Moving Map Display > Grafische Darstellung z.B. einer Flugroute mit Waypoints und Kursangaben auf einem Display. Die Route kann mit den Cursortasten "gescrollt" werden, so daß der Eindruck einer sich bewegenden Karte entsteht.

MPH > Miles Per Hour > Landmeilen pro Stunde (CDU-LBL)

MSG > Message > Nachricht, Mitteilung, Info

MSL > Mean Sea Level > Mittlere Meereshöhe

MTBF > Mean Time Between Failure > Durchschnittliches Maß für die Zeitspanne zwischen 2 Fehlern eines Systems > Bei GPS-Satelliten wird eine Kurzzeit-MTBF von ca. 7.300 Stunden (10 Monate) und eine Langzeit-MTBF (Totalausfall) von mehr als 7,5 Jahren angenommen.

MTTR > Mean Time To Restore > Durchschnittliches Maß für die Zeitspanne, einen aufgetretenen Fehler zu beseitigen. Bei GPS-Satelliten wird eine Kurzzeitfehlerbeseitigung von 16 Stunden und eine Langzeitfehlerbeseitigung von 4,5 Monaten angenommen.

Multi Sensor GPS > GPS-Empfänger mit einem oder mehreren zusätzlichen externen Navigationssensoren, wie z.B. LORAN, INS, VOR usw. Solche Gerätekonfigurationen erhöhen die Sicherheit und die Genauigkeit, z.B. für Präzisionsanflüge.

Multipath Signal > Mehrwege-Signal > Ein Teil eines Satellitensignals kommt über "Umwege" (Reflexionen) zur Antenne und verursacht dadurch z.B. fehlerhafte Distanzberechnungen.

N

NAV > Navigation > Navigation, Navigationsdaten (CDU-LBL)

NAV DATA > Navigationsdaten > Bei GPS: Navigationsnachrichten eines Sateliten: Ephemeriden, Almanach

NAVSTAR > **NAV**igation **S**ystem with **T**ime **A**nd **R**anging > NAVSTAR GPS, US-amerikanisches Satellitensystem

NCU > Navigation Computer Unit > Navigationsrechner

NDB > Non Directional Beacon > Ungerichtetes Funkfeuer

NM > Nautical Mile > Nautische Meile (Seemeile, Knoten) (CDU-LBL)

NMC > Navigation Management Computer > Navigationsrechner

NMEA > National Marine Equipment Association > Vereinigung nationaler US-amerikanischer Elektronikunternehmen; auch Bezeichnung für die Schnittstelle an GPS-Empfängern für den Anschluß von Peripheriegeräten (z.B. NMEA 0180, 0182 und 0183). Am häufigsten wird bei GPS-Empfängern die Schnittstelle NMEA 0183 verwendet.

NMS > Navigation Management System > Navigationssystem

OPQ

OBS > Omni Bearing Selector > Azimutwählknopf (VOR-Bedienknopf)

OEM > Original Equipment Manufacturer > Hersteller, dessen Produkt als Baugruppe in Geräte anderer Hersteller eingebaut wird.

OFF > Off > Aus (CDU-LBL)

OM > Outer Marker > Voreinflugzeichen (Teil des ILS)

OMEGA > VLF-Navigationsverfahren

ON > On > An (CDU-LBL)

ONTRAC > VLF-Navigationsverfahren

Orbit > Satelliten-Umlaufbahn (um die Erde)

P-Code > Precise Code > Satellitencode für PPS (siehe auch Y-Code).

P/Y-Code > siehe: P-Code und Y-Code

PDOP > Siehe DOP

PE > Precise Ephemeris > Präzise Bahndaten mit 2-m-Genauigkeit

PGM > Program > Programm (z.B. Computer-Betriebsart) (CDU-LBL)

POS > Position > Position, Standort (CDU-LBL)

PPS > Precise Positioning Service > Präzisions-GPS-Positions-, Geschwindigkeits- und Zeitreferenzdienst, der ständig und weltweit nur solchen Nutzern zur Verfügung steht, die dafür vom DOD autorisiert sind. Da PPS primär für die militärische Nutzung vorgesehen ist, werden die Signale verschlüsselt ausgesendet.

PPS-Receiver > Precise Positioning Service Receiver > Präzisions-GPS-Empfänger für den Precise Positioning Service.

PPS-Security-Module > Precise Positioning Service Security Module > Spezieller Prozessor, mit dem SA-Fehler korrigiert werden können. Steht nur US-Streitkräften, NATO und Streitkräften befreundeter Staaten zur Verfügung.

Preselect > Vorwählen (z.B. Frequenz)

Pseudo Range > Pseudo-Entfernung > Durch GPS-Systemfehler entsprechen die gemessenen Entfernungen zu den Satelliten nicht den effektiven, geometrischen Entfernungen und werden deshalb Pseudo-Entfernungen genannt. Zu den Systemfehlern zählt man auch die Ungenauigkeit durch Selective Availability (SA).

Pull > Ziehen (CDU-LBL)

Push > Drücken (CDU-LBL)

PWR > Power > Stromversorgung (CDU-LBL)

QDM > Mißweisender Steuerkurs über Grund

QDR > Mißweisende Funkstandlinie

QNH Höhenmessereinstellung (Anzeige am Boden = Flugplatzhöhe)

R

RADAR > **RA**dio **D**etecting **A**nd **R**anging > Funkortung (Funkmessung)

Radar Altimeter > Höhenmesser, Radar-

Radio Frequency > Funkfrequenz

Radio Navigation > Funknavigation

RAIM > Receiver Autonomous Integrity Monitoring > GPS-Empfänger-autonomes Überwachen der Integrität (siehe Integrity). Mit überschüssigen (redundanten) Messungen von Satellitensignalen werden Empfänger-autonom fehlerhafte Satellitensignale ermittelt. Für das Entdecken (Detektion) eines fehlerhaften Satellitensignals benötigt man Pseudo-Range-Messungen zu 5, für die Identifikation und Isolation des fehlerhaften Satelliten zu 6 Satelliten (siehe auch Integrity Monitoring).

RAM > Random-Access-Memory > Schreib-Lese-Speicher

RCL > Recall > siehe: Recall (CDU-LBL)

Real Time > Echtzeit > Die von DV-Prozessoren berechnete Datenausgabe erfolgt in Echtzeit und nicht zeitversetzt zum Dateneingang.

REC > Receiver > Empfänger, GPS-Empfänger

RECALL > Recall > Abruf, z.B. von gespeicherten Daten (CDU-LBL)

Receiver > Empfänger

Reference Clock > Referenzuhr > Im GPS-Empfänger eingebaute, temperaturstabile, beschleunigungsresistente Quarzuhr zur Bestimmung der GPS-Systemzeit. Sie synchronisiert alle Empfängerfunktionen und definiert die Empfänger-Lokalzeit. In manchen GPS-Empfängern sind neben der Uhr noch sogenannte "Timer" integriert.

Reference Frame > Referenz-Kartenbezugssystem > WGS84

Remote Unit > Fernbedienung

REV > Reverse > Umgekehrt, Umkehrkurs (CDU-LBL)

RMI > Radio Magnetic Indicator > ADF/VOR-Kombinationsanzeiger

RMS > Root Mean Square > Quadratischer Mittelwert, Maß für das Streuungsmaß, z.B. bei der horizontalen Genauigkeit bei GPS-Empfängern (+/- 100 m RMS).

RNAV > Area Navigation > Flächennavigation (CDU-LBL)

RNG > Range > Reichweite, Entfernung (CDU-LBL)

ROM > Read-Only-Memory > Nur-Lese-Speicher

RR > Reverse Route > Umkehrstrecke

RTCM > Radio Technical Commission for Maritime Services > Radiotechnische Kommission für Schiffahrtsdienste (USA)

RTE > Route > Route, Strecke

S

SA > Selective Availability > Künstliche Verschlechterung der Satellitensignale bei SPS durch den GPS-Betreiber (DOD), um den zivilen, nicht-autorisierten Nutzer die Präzision der militärischen Anwendung (PPS) vorzuenthalten. Bei SA werden die Frequenzen der Satelliten-Borduhren und die Satelliten-Bahndaten nach dem Zufallsprinzip (stochastisch) verfälscht. Dadurch wird die in den GPS-Empfängern berechnete Position auf eine Genauigkeit von horizontal ca. 100 Meter (95% Wahrscheinlichkeit) begrenzt.

SAR > Search and Rescue > Such- und Rettungsdienst

SATCOM > Satellite Communications > Austausch digitaler (Daten) und analoger (Telefon, Video, TV) Signale über Satelliten.

Satellite Clocks > Cäsium- und Rubidium-Atomuhren in Satelliten > Höchstpräzise Referenzuhren mit extremer Frequenzstabilität.

SATNAV > Satellitennavigation > Sammelbegriff für die bestehenden Systeme GPS und GLONASS

SATSTAT > Satelliten-Status

Scan > Abtasten, Suchen, automatisches (z.B. Sendersuchlauf in Empfangsanlagen) (CDU-LBL)

Screen > Bildschirm (Raster, Netz)

Scroll > Rollen > Auf- und/oder Abwärtsbewegen in einem Display mit den Cursortasten.

Security Module > SM > Bauteil eines GPS-Empfängers (PPS Security Module), mit dem die SA umgangen werden kann. SMs stehen ausschließlich den autorisierten GPS-Nutzern zur Verfügung.

SEL > Select, Selector > Wählen, Drehknopf (CDU-LBL)

SENS > Sensitivity > Empfindlichkeit (CDU-LBL)

SENS > Sensor, GPS-Sensor > Geber (Meß- oder Empfangseinrichtung), GPS-Empfangsteil ohne Anzeige/Bedienteil

SET > Set > Speichern, schalten

SGS85 > Soviet Geodetic System 1985 > bei GLONASS verwendetes Kartenbezugssystem der früheren Sowjetunion.

Shadowing > Abschatten der GPS-Antenne durch Gebäude, Tragflächen bei Flugzeugen im Kurvenflug usw.

Signal Processing Channels > Signalverarbeitungskanäle > Kanäle in einem GPS-Empfänger zum simultanen Empfang und Verarbeitung der Daten. Mindestens 4 Satelliten müssen simultan empfangen werden (3 für die zweidimensionale Position, 1 für die Höhe). Ältere GPS-Empfänger mit nur einem Kanal verarbeiten die Signale sequentiell oder quasi-parallel nach dem Multiplex-Verfahren (z.B. Garmin-GPS-Empfänger mit dem sog. Multitrac-Verfahren). Üblich sind heute mehrere simultan arbeitende Parallelkanäle (3-8 Kanäle). Standard dürften künftig Empfänger mit 8 Kanälen sein, wobei es ebenfalls GPS-Empfänger mit 10-12 Kanälen für hochpräzise Aufgaben im Rahmen des DGPS gibt (All-In-View).

Signal Processor > Signalverarbeitungsprozessor > Bauteil eines GPS-Empfängers. Aufgabe: Ausfilterung und Verarbeitung von individuellen Satellitensignalen. Verwendet werden konventionelle Digital Signal Processors (DSP).

SOG > Speed Over Ground > Geschwindigkeit über Grund (Seefahrt, CDU-LBL)

Space Segment > Raumsegment des GPS, bestehend aus den Satelliten im Orbit.

SPD > Speed > Geschwindigkeit (CDU-LBL)

SPS > Standard Positioning Service > Standard-GPS-Positions- und Zeitreferenzdienst, der allen GPS-Nutzern weltweit kostenlos zur Verfügung steht. Bei SPS werden über die GPS-L1-Frequenz der C/A-Code und Navigationsdaten ausgesendet, die mit 95% Wahrscheinlichkeit eine horizontale Positionsgenauigkeit von 100 Meter ermöglichen.

SPS Receiver > Standard Positioning Service Receiver > GPS-Empfänger für den Standard Positioning Service.

STAT > Satelliten-Status

Station Indicator > Stationsanzeiger (z.B. bei VLF-Navigation)

STBY > Stand-By > Warten (CDU-LBL)

STD > Standard > Z.B. Standardbetrieb (CDU-LBL)

SV > Space Vehicle > Anderer Begriff für Satellit (CDU-LBL)

T

TACAN > Tactical Air Navigation System > Taktische Flugnavigationshilfe

TAG > Tag > elektronische Markierung

TAS > True Airspeed > Fluggeschwindigkeit, wahre (Eigengeschwindigkeit des Flugzeuges) (CDU-LBL)

TDOP > Siehe DOP

TH >True Heading > Rechtweisender Steuerkurs

Time Errors > Laufzeitfehler > Die Satellitensignale werden beim Durchlaufen der Ionosphäre und Troposphäre gebrochen und dadurch in ihrer Laufzeit verlängert.

Time Measurement > Zeitmessung > Jeder Block-II-A-GPS-Satellit (aktueller Satellitentyp) hat zur hochpräzisen Zeitmessung vier integrierte Atom-Uhren. Die früher verwendeten noch im Orbit befindlichen Block-I-Satelliten haben drei Atomuhren.

TMR > Timer

TO/FROM Indicator > TO/FROM-Anzeiger (bei VOR) (CDU-LBL)

Tracking > Verfolgen von Satelliten durch den GPS-Empfänger.

Transceiver > Sende/Empfangsgerät. Englisches Kunstwort, das sich aus **Trans**mitter und Re**ceiver** zusammensetzt.

Transmitter > Sender

Troposphere > Troposphäre > Unterste Schicht der Erdatmosphäre, in der sich das Wettergeschehen abspielt. Sie reicht an den Polen etwa 9 km, am Äquator etwa 17 km hoch.

TSO > Technical Standard Order > Technische Spezifikation der FAA für die Luftfahrt (Luftfahrzeuge, Avionik usw.).

TST > Test > Test (Anzeige, Schalterstellung) (CDU-LBL)

TT > True Track > Rechtweisender Kurs über Grund (CDU-LBL)

TTG > Time To Go > Restzeit zum Zielort (CDU-LBL)

TTS > Time To Station > Flugzeit zur Funkstation (CDU-LBL)

TVOR > Terminal VOR > Flugplatz-VOR

UV

UHF > Ultra High Frequency > Dezimeterwelle (300 MHz - 3 GHz)

Update > Aktualisierung, z.B. von Karten, EDV-Programmen, Daten in GPS-Empfängern, Databases usw.

Update Rate > Zeitliche Folge (z.B. Abstand von 1 Sekunde), in der GPS-Empfänger ihre Position neu berechnen (aktualisieren).

URA > User Range Accuracy > Eine statistische Kennzahl für die Entfernungsgenauigkeit eines spezifischen Satellitensignals, die auf zurückliegenden Messungen beruht. (CDU-LBL)

User Segment > Nutzersegment des GPS, bestehend aus den stationären und mobilen GPS-Empfängern der Anwender.

UTC > Universal Time Coordinated > Weltzeit

VAR > Variation > Ortsmißweisung

VDC > Volts Direct Current >Voltangabe bei Gleichstrom

VDF > Very High Frequency Direction Finder > UKW-Peilstelle

VDOP > Siehe DOP

VEL > Velocity > Geschwindigkeit bei der Seefahrt (CDU-LBL)

VELOC > Fahrzeugortungs- und Dispositionssystem

VFR > Visual Flight Rules > Sichtflugregeln

VHF > Very High Frequency > Ultrakurzwelle (30 MHz - 300 MHz)

VLF > Very Low Frequency > Längstwelle (3 kHz - 30 kHz)

VMC > Visual Meteorological Conditions > Sichtflugwetterbedingungen

VMG > Velocity Made Good > Gefahrene Geschwindigkeit (Seefahrt, CDU-LBL)

VNAV > Vertical Navigation > Höhennavigation

VOG > Velocity Over Ground > Geschwindigkeit über Grund

VOL > Volume > Lautstärke (Anzeige, Schalterstellung) (CDU-LBL)

VOR > Very High Frequency Omnidirectional Radio Range > UKW-Drehfunkfeuer (CDU-LBL)

VORTAC > VOR + TACAN > Kombinationsanlage VOR und TACAN (CDU-LBL)

VS > Vertical Speed > Steig- oder Sinkfluggeschwindigkeit (CDU-LBL)

VSI > Vertical Speed Indicator > Variometer

VTMS > Vessel Traffic Management System > Managementsystem für den Schiffsverkehr

WXY

WARN > Warning > Warnung (CDU-LBL)

WGS84 > World Geodetic System 1984, globales terrestrisches Kartenbezugssystem, das bei GPS verwendet wird.

WPT > Waypoint > Wegpunkt (Wegepunkt bei RNAV, GPS usw.) (CDU-LBL)

WRN > Warning > Warnung (CDU-LBL)

XTE > Cross Track Error > Kursablage, Kursversatz (CDU-LBL)

Y-Code > Secret Code > Geheime Chiffrierung des P-Codes bei AS.

Garmin GPS 65 mit grafischem LCD-Plotter, CDI, DGPS-vorbereitet (GPS GmbH).

GPS-Empfänger
GPS-Receiver
GPS-Control Display Units
GPS-Sensoren

In diesem Verzeichnis (Stand Mai 93) sind die meisten der auf dem deutschen Markt erhältlichen GPS-Empfänger aufgeführt. Das Verzeichnis erhebt keinen Anspruch auf Vollständigkeit, da sich das GPS-Empfängerangebot durch rasche Modellwechsel ständig verändert.

Die **fett** gedruckten Modelle werden in den Empfänger-Portraits (Kapitel 2) mit den wichtigsten technischen Daten vorgestellt.

1. ARNAV Star 5000

2. Autohelm ST 50 GPS

3. Bendix/King KLN 90

4. Eagle Accunav II
5. Eagle Accura
6. Eagle Ultranav II

7. Flight Components Timearc 6

8. Furuno GP-50
9. Furuno GP-70
10. Furuno GP-500

11. Garmin GPS 50
12. Garmin GPS 55
13. Garmin GPS 55 AVD
14. Garmin GPS 65
15. Garmin GPS 75
16. Garmin GPS 100
17. Garmin GPS 100 AVD
18. Garmin GPS 100 MRN
19. Garmin GPSMAP 200

20. ICOM GP 22

21. Jefferson, Ray GPS 5 Navigator

22. Koel GPS Remote Display

23. Magellan NAV 5000 D
24. Magellan NAV 5200 D
25. Magellan NAV 5200 DX
26. Magellan Trufix DGPS

27. Micrologic Explorer GPS
28. Micrologic Graphic GPS
29. Micrologic Supersport Hand Held GPS

30. Motorola Traxar

31. Navstar XR4-L

32. Panasonic KX G 550

33. Peschges VP 3 / VP 6

34. Raytheon 100
35. Raytheon 390 GPS
36. Raytheon 590 GPS
37. Raytheon 900 GPS
38. Raytheon 920 GPS

39. SEL/Alcatel Globos C 2000
40. SEL/Alcatel Globos LN 2000

41. Sitex 7000 G GPS
42. Sitex GPS 1
43. Sitex GPS 7
44. Sitex GPS 77P

45. Sony IPS 360 Pyxis

46. Sony IPS 760

47. Teldix CoPilot

49. Trimble 4000 DL II
50. Trimble Acutis 6
51. Trimble Echo XL
52. Trimble Ensign
53. Trimble Flightmate
54. Trimble Galaxy INMARSAT C / GPS
55. Trimble Geodesist P
56. Trimble Geodetic Surveyor
57. Trimble Land Surveyor
58. Trimble NavGraphicXL
59. Trimble NavtracXL
60. Trimble Reference Locator
61. Trimble SVeeSix Series
62. Trimble System Surveyor
63. Trimble TANS II Sensor
64. Trimble Tiger Sensor
65. Trimble TNL 1000
66. Trimble TNL 2000
67. Trimble TNL 2000A
68. Trimble TNL 2100
69. Trimble TNL 3000
70. Trimble TNL 7880
71. Trimble TNL 7900
72. Trimble TransPak II

73. II Morrow 820C "Flybuddy"
74. II Morrow Tigershark GPS

Master Station und Monitor Station: Digital Map, DGPS-Station, System Control Monitoring, entwickelt von Aerodata (rechts).

Anschriften

Auf den folgenden Seiten finden Sie die Anschriften von Herstellern und Vertriebsfirmen von GPS-Ausrüstungen (Empfänger, Systeme, Zubehör) sowie von Instituten, Vereinigungen und Behörden, soweit sie mit GPS befaßt sind, in alphabetischer Reihenfolge. Wir danken allen Unternehmen für das uns zur Verfügung gestellte Informations-, Bild- und Dokumentationsmaterial.

Die detaillierten Informationen über den Teldix CoPilot erhielten wir von Herrn Lutz Petersen (Teldix Bosch Telecom), der uns den CoPilot auch in der praktischen Anwendung demonstrierte.

Trimble Deutschland half uns mit einer lückenlosen Übersicht über alle GPS-Empfänger des Unternehmens und dem Flighmate-Manual.

Unser besonderer Dank gilt Herrn Dr.-Ing. Wolfgang Lechner, Dipl.-Ing. Günther Kasties und Dipl.-Ing. Harry Evers (Aerodata Flugmeßtechnik GmbH und Avionik Zentrum, Braunschweig), die uns bei der Arbeit zu diesem Handbuch mit umfassenden Grundlagen-Informationen sowie umfangreichem Bild- und Datenmaterial über GPS und besonders Differential-GPS unterstützt haben.

Aerodata, ein Unternehmen mit derzeit 80 Mitarbeitern, arbeitet mit großem Erfolg seit 1985 in den Bereichen Flugsicherheit, Raumfahrt, Materialprüfung, Ozon- und Klimaforschung sowie in der Sicherheitstechnik für Land- und Seeverkehr und kooperiert mit der TU Braunschweig, der Deutschen Forschungsanstalt für Luft- und Raumfahrt und vielen anderen nationalen und internationalen Instituten und Industrieunternehmen. Bei der Satellitennavigation zählt Aerodata zu den international führenden Unternehmen.

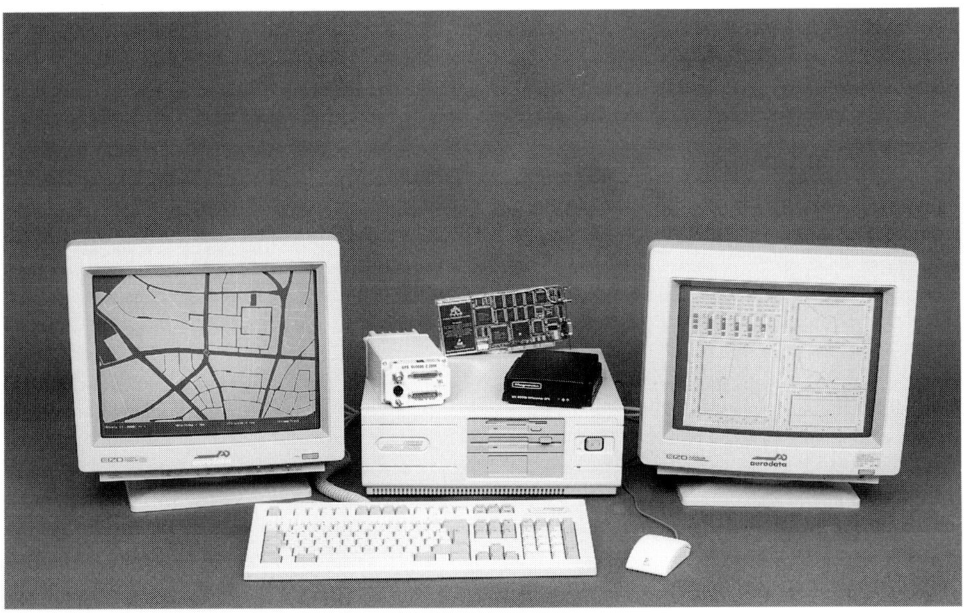

Aerodata Flight Inspection Systeme arbeiten auf der Basis von Datenverarbeitung in Echtzeit. Besonders hervorzuheben ist das von Aerodata entwickelte Ortungssystem aus der Kombination von Lasertrakking, Trägheits- und Satellitennavigation. Es erlaubt die Flugvermessung bei nahezu allen Wetterlagen.

Mit AeroNav (GPS-GLONASS in Verbindung mit Differential GPS und Inertial Navigation System, INS) entwickelte Aerodata ein System, das Trägheits- und Satellitennavigation so geschickt miteinander kombiniert, daß Ortung und Führung von Land-, See-, Luft- und Raumfahrzeugen bis in den Dezimeter-Bereich möglich werden.

Wegen dieser bislang unerreichten Genauigkeit eignet sich AeroNav insbesondere auch für die hochpräzise Messung des Bewegungszustandes von Fahrzeugen. Die in Echtzeit ermittelten Positionen überträgt AeroNav auf eine elektronische Karte, so daß sich der Fahrzeugführer problemlos in seiner Umgebung orientieren kann.

Seit 1992 arbeitet Aerodata im Rahmen eines Joint Venture, der "Bering Navigation Company", mit dem russischen Institut für Radionavigation und Zeit (RIRT) zusammen. Ziel der gemeinsamen Bemühungen ist eine weitere Entwicklung der Satellitennavigation (GPS/GLONASS).

Herrn Dr. Axel Därr, dem Geschäftsführer der GPS Gesellschaft für professionelle Satellitennavigation mbH, München, danken wir für seine technische Beratung bei den GPS-Empfängern und dem umfangreichen Bild- und Datenmaterial über die Seefahrt- und Landnavigation mit GPS.

Die GPS Gesellschaft für professionelle Satellitennavigation mbH wurde von dem Physiker Dr. Axel Därr und seinem Bruder, dem Dipl.-Ing. Klaus Därr (Därr Expeditionsservice GmbH, München), gegründet, um der zunehmenden Bedeutung des Global Positioning System bei Reisen und vielen anderen Anwendungen gerecht zu werden. Das Unternehmen befaßt sich ausschließlich mit Satellitennavigation und Satellitenkommunikation. Ein Schwerpunkt liegt bei professionellen Anwendungen in Wissenschaft und Technik mit GPS-Empfängern für Kartierung und Vermessung (Differential GPS).

Die GPS GmbH vertritt derzeit als Distributor die Firmen Garmin, Sony, Panasonic und Teldix. Zum weiteren Vertriebsprogramm des Unternehmens gehören GPS-Empfänger von GESSA, Magellan, Motorola und Trimble sowie zunehmend Software für professionelle Anwendungen. Innerhalb der Satellitenkommunikation werden bei der GPS GmbH Satellitentelexsysteme für den Inmarsat-C-Dienst sowie Satellitentelefone nach dem Inmarsat-M-Standard vertrieben.

Aero Electronic
Flughafen
90411 Nürnberg
Vertrieb von Luftfahrt-GPS-Systemen

Aerodata Flugmeßtechnik GmbH
Rebenring 33
38106 Braunschweig
Erprobung und Herstellung von Differential-GPS- und GPS-Satellitennavigationssystemen für alle Verkehrsbereiche

Airmarin GmbH
Flughafen Köln-Bonn
51147 Köln
Vertrieb von Luftfahrt-GPS-Systemen

AMSAT Deutschland
Holderstrauch 10
35041 Marburg

ARNAV Systems
P.O. Box 73730
USA - Puyallup, WA 98373
Hersteller von GPS-Empfängern

Atlas Air Service GmbH
Flugplatz
27777 Ganderkesee
Vertrieb von Luftfahrt-GPS-Systemen

Autohelm Nautech Ltd.
Anchorage Park
GB - Portsmouth Hampshire P03 5TD
Hersteller von GPS-Empfängern

Avionic Service
Richthofenweg 13
49088 Osnabrück
Vertrieb von Luftfahrt-GPS-Systemen

Avionik Zentrum Braunschweig
Forststr. 33
38108 Braunschweig
Entwicklungen im Bereich der Luftfahrtelektronik, Flugwerft-Betrieb

Bendix/King Radio S.A.
80, Louis Casaille Ave.
CH 1216 Cointrin
Hersteller von GPS-Empfängern

Bogerfunk
Grundesch 15
88326 Aulendorf
Vertrieb von Luftfahrt-GPS-Systemen

DARA GmbH
Deutsche Agentur für Raumfahrtangelegenheiten
Königswintererstr. 522-524
53227 Bonn

ELSAT
Satellitensysteme
Wegsfeld 42
30455 Hannover

Deutsche Aerospace
Fachbereich Satellitensysteme
Leopoldstr. 175
80804 München

Deutsche Aerospace
Fachbereich Bordsysteme
Sedanstr. 10
59427 Ulm

Deutsche Flugsicherung GmbH
Kaiserleistr. 29-35
63067 Offenbach

Deutsche Forschungsanstalt für Luft- und Raumfahrt
Fernerkundungsstation Neustrelitz
Kalkhorstweg 53
17235 Neustrelitz

Deutsche Forschungsanstalt für Luft- und Raumfahrt
Institut für Flugführung
Flughafen
38110 Braunschweig

Deutsche Forschungsanstalt für Luft- und Raumfahrt
Linder Höhe
51147 Köln

Deutsche Gesellschaft für Luft- und Raumfahrt
Godesberger Allee 70
53175 Bonn

DGON
Deutsche Gesellschaft für Ortung und Navigation
Pempelforter Str. 47
40211 Düsseldorf
Federführende Organisation der jährlichen Fachseminare "Satellitennavigationssysteme - Grundlagen und Anwendungen im Verkehrswesen und in den Geowissenschaften

Eagle
Vertrieb über Ferropilot,
25482 Rellingen
Hersteller von GPS-Empfängern

Eno Telecom
Hagenstr. 14-18
48529 Nordhorn
Vertrieb von Luftfahrt-GPS-Systemen

ESOC
Robert-Bosch-Str. 5
64293 Darmstadt

Ferropilot
Siemensstr. 35
25482 Rellingen
Vertrieb von GPS-Systemen, vorwiegend für die Seefahrt

Flight Components AG
P.O. Box 57
CH - 8184 Bachenbülach
Hersteller von GPS-Systemen

Friebe Luftfahrtbedarf
Flughafen Neuostheim
68163 Mannheim
Vertrieb von Luftfahrt-GPS-Systemen

Furuno Electric Co. Ltd.
9-52 Ashihara - cho
Japan - Nishinomiya City
Hersteller von GPS-Systemen

Garmin International
11206 Thompson Ave.
USA - Lenexa, Kansas 66219
Hersteller von GPS-Empfängern

GPS Gesellschaft für professionelle Satellitennavigation mbH
Theresienstr. 66
80333 München
Vertrieb von Luftfahrt-, Seefahrt- und Landverkehr-GPS-Systemen

Honeywell GmbH
Berg-am-Laim-Str. 47
81673 München
Hersteller von GPS-Empfängern

ICOM America
2380 116th Avenue N.E.
USA - Belleview, WA 98004
Hersteller von GPS-Empfängern

INMARSAT
40 Melton Street
GB London NW1 2 EQ
Internationale Satellitenorganisation für Satelliten-Kommunikation im Land- und Seeverkehr

INMARSAT
Aeronautical Satellite News
40 Melton Street
GB London NW1 2 EQ
Fachmagazin über Satellitenanwendungen in der Luftfahrt

Intospace
Prinzenstr. 17
30159 Hannover
Industrielle Mikrogravitationsnutzung

Jefferson, Ray
4200 Mitchell Street
USA - Philadelphia, PA 19128
Hersteller von GPS-Empfängern

Jeppesen & Co GmbH
Walter-Kolb-Str. 13
60594 Frankfurt
GPS-Databases für die Luftfahrt

Jama Informationsbüro
Deutsches Informationsbüro der japanischen Automobilwirtschaft
Bonner Talweg 33-35
53113 Bonn

Koel Elektronik
Dürnaststr. 10
83419 Kaltenberg
Herstellung und Vertrieb von Displays für den Anschluß an GPS-Empfänger

Landesvermessungsamt Hannover
Dr. Augath
Warmbüchenkamp 2
30159 Hannover

Lauke Aeromarine
Küchenthalstr. 41
31139 Hildesheim
Vertrieb von GPS-Systemen für Luftfahrt, Seefahrt und Landverkehr

Luftfahrt-Bundesamt
Postfach 3054
38110 Braunschweig

Magellan Systems
960 Overland Court
USA - San Dimas, CA 91773
Hersteller von GPS-Empfängern

Mainz GmbH
Rödelheimer Landstr. 22
60487 Frankfurt
Vertrieb von Luftfahrt-GPS-Systemen

Motorola
4000 Commercial Avenue
USA - Northbrook, IL 60004
Hersteller von GPS-Empfängern

Micrologic
9610 DeSoto Ave
USA - Chatsworth, CA 91311
Hersteller von GPS-Empfängern

Narco Avionics
270 Commerce Drive
USA - Fort Washington, PA 19034
Hersteller von GPS-Empfängern

Navstar
Vertrieb über Ferropilot,
25482 Rellingen
Hersteller von GPS-Empfängern

Panasonic
Winsbergring 15
22525 Hamburg
Hersteller von GPS-Empfängern

Peschges Luftfahrtelektronik
Zieglerstr. 11
50078 Aachen
Hersteller von GPS-Empfängern

Raytheon Overseas Ltd.
Adenauerallee 112
53113 Bonn
Hersteller von GPS-Empfängern

RD Import & Export
Winterhuder Kai 9b
22299 Hamburg
Vertrieb von GPS-Systemen für Luftfahrt, Seefahrt und Landverkehr

Satellite Operational Services GmbH
Römerstr. 33
82205 Gilching

Schultz GmbH
Airconsulting
23992 Wakendorf
Vertrieb von Luftfahrt-GPS-Systemen

SEL/ALCATEL
Lorenzstr. 10
70435 Stuttgart
Hersteller von GPS-Empfängern

Siebert Flugbedarf
Rektoratsweg 40
48159 Münster
Vertrieb von Luftfahrt-GPS-Systemen

Sigma Tek
1001 Industrial Road
USA - Augusta, KS 67010
Hersteller von GPS-Empfängern

Sony Deutschland GmbH
Abt. Satellitennavigation
Hugo-Eckener-Str. 20
50829 Köln
Hersteller von GPS-Empfängern

II Morrow
P.O. Box 13549
USA - Salem, OR 97309
Hersteller von GPS-Empfängern

TELDIX Bosch Telecom
Grenzhöfer Weg 36
69123 HD-Wieblingen
Hersteller von GPS-Empfängern

Trimble Navigation Deutschland GmbH
Innerer Ring 1 b
63486 Bruchköbel
Vertrieb von GPS-Empfängern der Trimble Navigation für Deutschland

TU Braunschweig
Institut für Flugführung
Prof. Dr. Schänzer
Hans Sommer Str. 66
38106 Braunschweig

TU Braunschweig
Institut für Nachrichtentechnik
Prof. Dr. Rohling
Hans Sommer Str. 66
38106 Braunschweig

TU München
Lehrstuhl für Raumfahrttechnik
Prof. Dr. Eder
Richard-Wagner-Str. 18/III
80333 München

Universität der Bundeswehr
Prof. Dr. Hein
Werner-Heisenberg-Weg 39
85579 Neubiberg

Universität Dortmund
Fachbereich Verkehrswesen
Prof. Dr. Baron
August-Schmidt-Straße
44227 Dortmund

Universität Oldenburg
Fachbereich Physik
Prof. Dr. Reuter
Ammerländer Heerstr. 114-118
26129 Oldenburg

Universität Rostock
Fachbereich Seefahrt
Richard-Wagner-Str. 31
18119 Warnemünde

Universität Stuttgart
Institut für Navigation
Prof. Dr. Hartl
Keplerstr. 11
70174 Stuttgart

Literatur- und Quellenhinweise

Aerodata Informations-Video:
Die GPS-Story
Aerodata, Braunschweig 1993

Augath, Dr. W.:
Pläne zum Aufbau eines Netzes von DGPS-Referenzstationen in der Landesvermessung im norddeutschen Raum
DGON Seminar Script, Düsseldorf 1993

Bachmann, P.:
Flugzeug-Instrumente
Motorbuch Verlag, Stuttgart 1992

Berking, Prof.Dr. B.:
Satellitennavigation in der Schiffahrt
DGON Seminar Script, Düsseldorf 1993

Beukers, J.M.:
Financial alternatives for global satellite navigation
ESA Publications, Noordwijk (NL) 1992

Bloch, Dr. S.:
Aufbau und Funktion eines GPS-Satelliten-Navigationsempfängers
DGON Seminar Script, Düsseldorf 1993

Briessmann, N.:
GPS in der militärischen Anwendung
DGON Seminar Script, Düsseldorf 1993

Brockhaus, F.A. (Hrsg.):
Brockhaus Naturwissenschaften und Technik in 5 Bänden
F.A. Brockhaus, Mannheim 1989

Broughton, D.W.:
A European radionavigation plan
ESA Publications, Noordwijk (NL) 1992

Chapman, C.E.:
Piloting - seamanship and small boat handling
Hearst Corporation, New York (USA) 1977

Connes, K.:
The LORAN, GPS and NAV/COMM Guide
Butterfield Press, Templeton (USA) 1992

Ehlers, P.:
Maritime satellite communication and navigation
ESA Publications, Noordwijk (NL) 1992

Eissfeller, Dr. B.:
Integrity Monitoring
DGON Seminar Script, Düsseldorf 1993

Engelke, G.:
Anwendungsstufen der KFZ-Positionierung
DGON Seminar Script, Düsseldorf 1993

Garmin 55 AVD Manual:
Personal Navigator Owner´s Manual
Garmin, Lenexa (USA) 1992

Gerlach, B.:
Welcher Empfänger für welche Anwendung?
DGON Seminar Script, Düsseldorf 1993

Graf, K.P. und Gampe, F.:
Collection and distribution of ecological data by satellite:
Pilot projects as demonstration of the concept
ESA Publications, Noordwijk (NL) 1992

Hein, Prof.Dr. G.:
Differentialverfahren in der Satellitennavigation - Internationale Standardisierung von DGPS
DGON Seminar Script, Düsseldorf 1993

Hein, Prof.Dr. G.:
Differentialverfahren in der Satellitennavigation
DGON Seminar Script, Düsseldorf 1993

Hossfeld, Dr. B.:
Satellitennavigation im Landverkehr
DGON Seminar Script, Düsseldorf 1993

Jakowski, Dr. N., Mayer, Prof.Dr. G.:
Grenzen des Einsatzes von Satellitennavigationssystemen - Radiowellenausbreitung
DGON Seminar Script, Düsseldorf 1993

Jeppesen FlighTime Video Series:
GPS/LORAN Navigation
Jeppesen Sanderson, NN (USA) 1993

Kasties, G., Jeske, R.:
Erfahrungen mit GLONASS
DGON Seminar Script, Düsseldorf 1993

Laue, H.:
Satellitennavigation in der Raumfahrt
DGON Seminar Script, Düsseldorf 1993

Lechner, Dr. W.:
AeroNav Specification
(and other publications on AeroNav and Differential GPS in 1992)
Aerodata, Braunschweig 1993

Lechner, Dr. W.:
Navstar GPS and Glonass - Competitors or Initial Elements of a Future Global Satellite Navigation System?
Aerodata, Braunschweig 1992

Lechner, Dr. W., Jeske, R., Vieweg, S.:
Results of a DGPS / GLONASS / INS Flight Test Program
Aerodata, Braunschweig 1992

Lechner, Dr. W.:
Aktivitäten der DGON im Bereich der Satellitennavigation
DGON Seminar Script, Düsseldorf 1993

Lindstrot, W.:
Satellitennavigation über Rundfunk in Nordrhein-Westfalen
DGON Seminar Script, Düsseldorf 1993

Müller, A.:
GPS-Meßverfahren und Bezugssysteme
DGON Seminar Script, Düsseldorf 1993

Nau, H., Unverdross, R.:
Satellitennavigation in der Zeitmeßtechnik
DGON Seminar Script, Düsseldorf 1993

Petersen, U.:
Stand der Zulassungen von GPS-Anlagen in der Seeschiffahrt
DGON Seminar Script, Düsseldorf 1993

Rehmert, H.:
DGPS - Referenzstation, Anforderungsprofil
DGON Seminar Script, Düsseldorf 1993

Rohling, Prof.Dr. H.:
Möglichkeiten der Datenübertragung bei Echtzeit-Differentialverfahren
DGON Seminar Script, Düsseldorf 1993

Schänzer, Prof.Dr. G.:
Satellitennavigation in der Luftfahrt
DGON Seminar Script, Düsseldorf 1993

Schmid, K.H.:
Satellitennavigation im Verkehrswesen
DGON Seminar Script, Düsseldorf 1993

Schmid, K.H.:
Stand der Zulassungen von SATNAV als Navigationssystem
DGON Seminar Script, Düsseldorf 1993

Shirer, H.O.:
The role of GPS in a future radionavigation mix - Trend in the 1992 US Federal Radionavigation Plan
ESA Publications, Noordwijk (NL) 1992

Steilen, E.:
Insurance cover for space ventures
ESA Publications, Noordwijk (NL) 1992

Teldix GPS-CoPilot Manual:
GPS-Empfänger und Kartengerät - Navigation für Flugzeuge und Hubschrauber
Teldix Bosch Telecom, Heidelberg 1993

Trimble FlightmateManual:
Owners Manual
Trimble Navigation, Austin (USA) 1992

Wacker, Dr. U., Jacob, Dr. T., Meyer-Hilberg, Dr. J.:
Integration von Satellitennavigation mit anderen Systemen
DGON Seminar Script, Düsseldorf 1993

Weber, Dr. G.:
Das Computer Bulletin Board des GPS-Informations- und Beobachtungssystems (GIBS)
DGON Seminar Script, Düsseldorf 1993

Wippich, H.G., Reinhard, Dr. H.D.:
Satellitennavigation im Verkehrsmanagement
DGON Seminar Script, Düsseldorf 1993

Der Autor

Peter Bachmann (Jahrgang 1942) studierte nach dem Abitur Wirtschaftswissenschaften mit Schwerpunkt Marketing an der J.W.v.-Goethe-Universität in Frankfurt. Nach erfolgreichem Abschluß und einer Ausbildung an der Harvard Business School war er fünf Jahre lang als Marketingleiter und Geschäftsführer bei drei großen deutschen Verlagen tätig, bevor er 1975 einen eigenen Verlag und ein betriebswirtschaftliches Beratungsbüro gründete.

Bis heute sind in diesem Verlag weit über 100 Publikationen, vorwiegend über Luftfahrt-Themen, erschienen - von Fachzeitschriften über Sachbücher bis zu Informations- und Trainingsprogrammen auf Toncassetten.

Daneben werden seit 1975 im Beratungsbereich des Verlages Wirtschaftlichkeitsanalysen über den Einsatz von ein- und zweimotorigen Privat- und Geschäftsreiseflugzeugen für private Flugzeugbesitzer, Haltergemeinschaften, Flugvereine, Charterfluggesellschaften, Firmen, Luftfahrtbehörden und -verbände erstellt.

Neben diesem Know-How über die betriebswirtschaftlichen Aspekte in der Luftfahrt stehen die praktischen Erfahrungen aus rund 3.500 VFR- und IFR-Flugstunden, die Peter Bachmann seit 1973 als Pilot-In-Command und Co-Pilot gesammelt hat. Vor diesem Hintergrund ist das vorliegende Handbuch entstanden.

Bisherige Veröffentlichungen im Motorbuch Verlag, Stuttgart:

Einmotorige Flugzeuge
Bilder, Daten, Kosten (1976 und 1978)

Ein- und zweimotorige Flugzeuge
Bilder, Daten, Kosten (1980, 1991, 1993)

Flugzeuginstrumente
Vom Sportflugzeug zum Airbus
Typen, Technik, Funktion (1992)